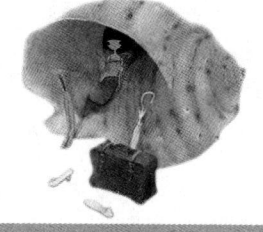

# 做个有完美性格的女孩

文轩 ◎ 主编

朝华出版社

图书在版编目（CIP）数据

做个有完美性格的女孩 / 文轩主编. —北京：朝华出版社, 2012.1（2021.5 重印）
ISBN 978-7-5054-3025-9

Ⅰ.①做… Ⅱ.①文… Ⅲ.①女性-性格-青年读物
②女性-性格-少年读物 Ⅳ.①B848.6-49

中国版本图书馆 CIP 数据核字（2011）第 275964 号

## 做个有完美性格的女孩

作　　者　文　轩

选题策划　杨　彬　王　磊
责任编辑　姜婷婷
责任印制　张文东
封面设计　荆棘设计

出版发行　朝华出版社
社　　址　北京市西城区百万庄大街 24 号　邮政编码　100037
订购电话　(010)68413840　68996050
传　　真　(010)88415258（发行部）
联系版权　j-yn@163.com
网　　址　www.blossompress.com.cn
印　　刷　三河市祥达印刷包装有限公司
经　　销　全国新华书店
开　　本　787mm×1092mm　1/16　　字　　数　270 千字
印　　张　20
版　　次　2012 年 3 月第 1 版　2021 年 5 月第 13 次印刷
装　　别　平
书　　号　ISBN 978-7-5054-3025-9
定　　价　35.00 元

版权所有　翻印必究·印装有误　负责调换

## 前言 FOREWORD

一个女孩，外貌可以用化妆来修饰，身高可以用增高垫或高跟鞋来增加，身材也可以通过各种高科技的器材来变得日趋完美……

但是，很多东西，是不能靠装扮，靠高科技，靠一些外在的物质来掩盖的，比如性格、智慧、能力等。

一位著名的心理学家说："播下一种行动，你将收获一种习惯；播下一种习惯，你将收获一种性格；播下一种性格，你将收获一种命运。"

大千世界之中，为什么有些女孩总能得到他人众星捧月般的喜爱，而有些女孩却处处遭人排斥呢？为什么有些女孩总会得到幸运女神的垂青，而有些却常常遭遇磨难，时常感叹自己命运不济呢？

其实，决定她是否完美、是否幸福、是否好命的，有一个非常重要的原因，那就是，性格。

最棒的女孩应该具备哪些性格呢?

一位走过全球无数个国家的哲人,根据女性的普遍特点,一边走一边总结,把完美女孩应该具备的性格、品质及能力归纳为以下几点:

遇到不想回答的问题,直视对方的眼睛,微笑,沉默;

走路抬头挺胸,与认识的人打招呼,对陌生人微笑;

爱笑的女孩,运气绝不会太差;

多照镜子,对他人、对自己都很真诚;

诚恳,坦然,慷慨,宽容,拥有一颗平常心;

懂得从内心欣赏别人;

自己分内的事情,努力做到一百分;

懂得忍耐与坚持;

不做刺猬,能不与人结仇就不与人结仇,深知"谁也不跟谁一辈子,有些事情要学会忘却"的道理;

学会妥协的同时,也会坚持自己最基本的原则;

关心亲人和朋友,以及路上的陌生人;

从未停止学习,不管学习什么,语言、厨艺或各种技能;

从不随意发脾气;

不说谎话,因为她知道谎言总有被拆穿的一天;

宽容伤害自己的人,因为她知道,每个人都有自己的难处;

过去的事情可以不忘记,但一定会放下;

珍惜身边的一切,认为亲人、朋友、爱人是自己最大的财富;

知错能改;

越着急的事情越是慢慢做;

在最愤怒的时候也不对所爱的人说出无法挽回的话;

相信生活坏到一定程度就会好起来。

说到底，女孩的这种完美性格究竟有着怎样的作用呢？

它是一种神奇的魔力，能让女孩变得美丽、优雅、气质迷人；它能让女孩具备出奇的人际吸引力，让她处处受欢迎；它能让女孩的能力日益提高，成为众人仰慕的小才女；它能让女孩从心底觉得自己很快乐，很幸福……

用一句话来说就是，它会使女孩变得越来越有内涵。

只要愿意，假以时日，任何女孩都会变得日益完美。

当然，在这一过程中，要想完成从"灰姑娘"到"气质公主"的蜕变，要想获得一生的幸福，女孩还要学会走捷径，要学会借助某个功能强大的"能量库"！

本书就是专门为女孩准备的"能量库"！它收录了上百则故事，每则故事都针对女孩应该具备的某种完美性格进行了全方位的阐述，旨在让女孩通过轻松阅读的方式吸收到丰富的成长"养料"，完成惊人的蜕变，从而铸就幸福的一生。

从全面提高女孩内涵的角度来讲，本书还有3大特色：

**第一，这是一本可以提高女孩写作能力的贴心书。**

不管你是男孩还是女孩，相信听到"作文"两个字，你都会紧皱眉头吧？其实，作文并不像你所想的那样，是一块很难啃的"骨头"。面对作文题目，你之所以绞尽脑汁也无从下笔，通常是因为你的大脑里没有素材。

没错，这本小书就是你忠实的"作文素材积累库"！书中的故事不但生动而且全面，几乎所有的命题作文都能从中找到相应的素材。

另外，本书还有一个非常贴心的亮点不能不提，我们在每则故事的开头，提炼出了一些关键词，看到这些关键词时，你心中就会有谱了："哦，在写同类型的作文时，这则故事可以用到！"

怎么样，够贴心吧？如此一来，这本小书好比变成了一个智能的"资料库"，只需轻轻一点，咦，你需要的资料马上就出现了！

**第二，这是一本可以开阔女孩眼界、增长女孩知识的百科书。**

本书有的不仅仅是故事和道理，每则故事后面还附有一条小小的知识点链接。千万不要小看它，它可是你增长见识、扩展知识面的好"武器"。

想想看，别人不知道的知识，你却能流利地娓娓道来，那时，大家是不是都会非常羡慕地尊称你为"小才女"？

**第三，这是一本全面指导女孩行为、提升女孩内涵的枕边书。**

如何做一个自信的女孩？如何做一个有爱心的女孩？如何做一个气质优雅的女孩？如何做一个高情商的女孩？……这些问题你想知道吗？

别着急，本书每章的故事讲完后，都会有一个指导手册，它会一步步指导你如何去做，指导你慢慢地完成从"灰姑娘"到"气质公主"的蜕变。

**最后，祝愿每一个女孩都能成为幸福的人，都能蜕变成"气质公主"！**

## 目录 CONTENTS

### 第一章 自信，让女孩最美丽

**女孩自信图释** …………………………… 002

- 01 永远坐在前排 …………………………… 004
- 02 手握自信，你就能战胜任何困难 ………… 006
- 03 自信的回归，就是美丽的回归 …………… 008
- 04 不要让自卑控制你 ………………………… 010
- 05 只要拥有信念，你将无所不成 …………… 012
- 06 唱响自信之歌 ……………………………… 014
- 07 坚定的信念能够创造奇迹 ………………… 015
- 08 埋葬"不可能" …………………………… 018
- 09 任何人都无法让你感到自惭形秽 ………… 021
- 10 抬起头来 …………………………………… 023
- 11 永远相信自己的力量 ……………………… 025

12 信念，让梦想重生 …………………………………… 027
13 相信自己，才能做命运的主人 …………………… 029

## 第二章 心中有爱，铸就女孩最美好的品质

女孩爱心图释 …………………………………………… 034
01 播下爱的种子，收获爱的参天大树 ……………… 036
02 心中有爱，人生才最美 …………………………… 038
03 时间流转，爱心亦流转 …………………………… 040
04 慈善的不是钱，是心 ……………………………… 044
05 只要爱还在，丑恶就会被埋没 …………………… 046
06 爱可以永恒 ………………………………………… 048
07 你需要为冷漠付费 ………………………………… 050
08 爱让温暖满人间 …………………………………… 052
09 生命，是人类至真之爱的凝结 …………………… 055
10 爱具有让人幸福一生的力量 ……………………… 058
11 保护受施者的尊严 ………………………………… 060

## 第三章 好品质，成就女孩的完美人生

女孩品质图释 …………………………………………… 064
01 伟大人物的最明显标志，就是专注 ……………… 066
02 洗厕所也需要责任心 ……………………………… 068

- 03 责任意味着承担，承担意味着永远 …… 070
- 04 真诚是打动人的最佳方式 …… 072
- 05 人无诚信无以立足 …… 074
- 06 专注使人走向成功 …… 076
- 07 人生最宝贵的财富就是良好的品质 …… 078
- 08 要冠军还是要诚实 …… 081
- 09 给予之后才会有回报 …… 082
- 10 诚实是人生的通行证 …… 084

## 第四章 高情商，让女孩更受大家欢迎

女孩情商图释 …… 088

- 01 帮助别人就是帮助自己 …… 090
- 02 你愿别人怎样待你，你就要怎样待人 …… 092
- 03 有理不在声高 …… 094
- 04 与人互帮才能得到更好的发展 …… 095
- 05 己所不欲，勿施于人 …… 097
- 06 付出也是一种储蓄 …… 099
- 07 尊重别人才会赢得别人的尊重 …… 101
- 08 懂得分享，才会得到快乐 …… 103
- 09 给予的艺术 …… 105

## 第五章 乐观开朗，让女孩一生幸福

**女孩心态图释** …… 110

- 01 心态决定姿态 …… 112
- 02 放对了地方，缺陷也会变成优势 …… 114
- 03 凡事都看到积极的一面，就不会有烦恼的产生 …… 115
- 04 任何烦恼都不过是庸人自扰 …… 117
- 05 影响我们的注注不是事情本身，而是我们复杂的心灵 …… 119
- 06 其实我们很富有 …… 121
- 07 只要活着，一切都可以从头再来 …… 122
- 08 从抱怨的、被动的生活里跳出来 …… 124

## 第六章 好习惯，让女孩终身受益

**女孩习惯图释** …… 130

- 01 把其他人荒废的时间利用起来 …… 132
- 02 今日事，今日毕 …… 133
- 03 习惯主宰人生 …… 135
- 04 成就源于习惯 …… 137
- 05 优良的习惯造就富足，错误的习惯诞生贫穷 …… 138
- 06 注重细节，通向成功的阶梯 …… 140
- 07 做事有秩序 …… 142
- 08 今天就出发 …… 145

## 第七章　智慧，为女孩的一生保驾护航

**女孩智慧图释** ……………………………………… 150

01 智慧的思维方式，让人豁然开朗 ……………… 152
02 打破非此即彼的固有模式，你会获得更多 …… 154
03 此路不通不妨换个角度思考 …………………… 155
04 只有想不到，没有办不到 ……………………… 157
05 随机应变，是摆脱困境的良方 ………………… 159
06 发散思维，天堑变通途 ………………………… 161
07 做小事凭技巧，做大事凭智慧 ………………… 163
08 把握对方心理，思维要灵活机变 ……………… 164
09 方法不同，结果不同 …………………………… 166
10 比别人多动一分脑筋，就会比别人多一分收获 … 168
11 思维上的胜者是永远的胜者 …………………… 170
12 有一种傻，它是聪明的另一种形态 …………… 172

## 第八章　克服人性的弱点，让女孩屡战屡胜

**女孩战胜弱点图释** …………………………… 176

01 贪慕虚荣会弄巧成拙 …………………………… 178
02 嫉妒的桃树 ……………………………………… 180
03 贪婪者终将两手空空 …………………………… 182
04 靠人人跑，靠山山倒，靠自己最好 …………… 183

05 放下面子，虚心向他人请教 …………………… 185
06 拖延是行动的大敌，更是成功的大敌 ………… 187
07 自私的人，必遭远离 …………………………… 189
08 嫉妒不但会毒害自己的心灵，还会毒害自己的生活 …… 191

## 第九章 气质，女孩的真正魅力

女孩气质图释 …………………………………… 196
01 富有涵养的人，姿势必然优雅 ………………… 198
02 优雅的气质来自自我的充实与培养 …………… 200
03 行为举止是一面自身素养的镜子 ……………… 202
04 尊重是一种修养 ………………………………… 204
05 微笑的价值 ……………………………………… 206
06 万事礼先行 ……………………………………… 209
07 谦虚，让人更富个人魅力 ……………………… 211
08 尊重身边的每一个人 …………………………… 213
09 永远不和人作无谓的争辩 ……………………… 215

## 第十章 亲情和友情，让女孩温暖一生、感动一生

女孩爱的图释 …………………………………… 220
01 一个母亲一生的八个谎言 ……………………… 222
02 父亲给女儿的一封遗书 ………………………… 224

03 母爱的力量 ………………………………………………… 226
04 妈妈的账单 ………………………………………………… 228
05 世界上最爱你的那个人是谁 …………………………… 230
06 母亲一生为你做了什么 ………………………………… 233
07 战胜死神的父爱 ………………………………………… 236
08 生命最后的姿势 ………………………………………… 238
09 母爱无言 ………………………………………………… 240
10 感恩兄弟姐妹 …………………………………………… 242
11 平分生命 ………………………………………………… 244
12 真正的友谊可以奉献一切 ……………………………… 246
13 朋友的信任 ……………………………………………… 249
14 忘记朋友的伤害，铭记朋友的帮助 …………………… 251

## 第十一章 勇敢坚强，赋予女孩无穷的人生动力

女孩勇敢图释 ……………………………………………… 256
01 再坚持一下 ……………………………………………… 258
02 不要让恐惧左右自己 …………………………………… 260
03 困难是让勇敢者前进的号角 …………………………… 262
04 勇敢地说"不" ………………………………………… 264
05 勇敢者踏着困难前进 …………………………………… 267
06 自信+勇敢+坚强=成功 ……………………………… 269
07 坚强勇敢的心，是女孩最锐利的人生武器 …………… 271

08 做人生道路上的强者 ............ 273
09 勇于冒一点险 ............ 275

## 第十二章 感恩的心,让女孩一生有爱相伴

女孩感恩图释 ............ 280
01 最后的生命留言 ............ 282
02 送往公墓的生日礼物 ............ 284
03 用爱去回报父母的养育之恩 ............ 287
04 感恩一只手 ............ 289
05 莫忘致谢 ............ 291
06 不应忘记别人的小恩小惠,更不应该忽视父母的恩情 ............ 294
07 为母亲洗一次脚 ............ 296
08 不忘恩师 ............ 298
09 献给警察的诗 ............ 300

# 第一章

## 自信，让女孩最美丽

自信，又叫自信心，是指在正确认识自己的基础上，知道自己的长处和优势，相信自己的能力和才干。

自信可以让女孩更妩媚生动，更光彩照人，也可以让女孩更坚强更有勇气，去面对并克服所有的困难，使自己趋于完美。总而言之，自信的女孩无疑是最美的，自信的女孩身上蕴含着令人难以抗拒的吸引力！

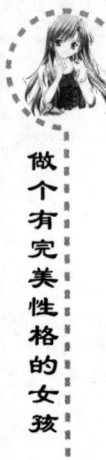

● 总能看到自己身上的优点或优势。

解说语：每个人身上都有优点和缺点，总是关注自己的缺点、看不到自己优点的人，只能日益自卑。只有那些总能发现自身优点和优势的人，才是真正的自信者。

● 不畏惧任何困难，相信自己。

解说语：困难就像一个能伸能缩的气球：你强，它就弱；你弱，它就强。没有必要惧怕任何困难，相信自己，你就一定有办法攻克它。

● 总是对自己进行积极的心理暗示，告诉自己"我很棒"。

解说语：自信是上天对人类最美好的祝福，它像一颗灵丹妙药，能使人产生神奇的力量。相信自己，你就真会变得信心十足。

● 字典中没有"不可能"三个字,凡事都坚信方法总比问题多。

解说语:自信的人从不说"不可能",方法是人想出来的,没有条件,她们创造条件也要把难题解决。

● 绝不会因为财富匮乏、相貌平平、学习成绩差等问题而心生自卑。

解说语:财富的多寡代表的是父母的能力,相貌的美丑只是上天的恩赐,学习成绩只能代表过去……这些都不足以成为你自卑的原因,更不应成为你积极进取、发挥聪明才智的阻力。

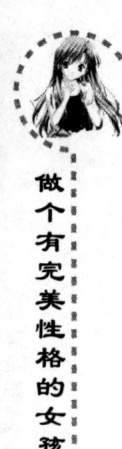

做个有完美性格的女孩

# 01 永远坐在前排

20世纪30年代,英国一个不出名的小镇里,有一个叫玛格丽特的小姑娘,自小就受到严格的家庭教育。父亲经常向她灌输这样的观点:无论做什么事情都要力争一流,永远走在别人前头,而不能落后于人,"即使是坐公共汽车,你也要永远坐在前排。"父亲从来不允许她说"我不能"或者"太难了"之类的话。

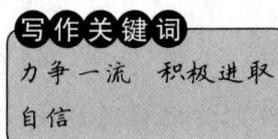

写作关键词
力争一流 积极进取
自信

对年幼的孩子来说,父亲的要求可能太高了,但他的教育在以后的岁月里被证明是非常宝贵的。正是因为从小就受到父亲的"残酷"教育,玛格丽特才有了积极向上的决心和信心。在以后的学习、生活或工作中,她时时牢记父亲的教导,总是抱着一往无前的精神和必胜的信念,尽自己最大努力克服一切困难,做好每一件事情,事事必争一流,以自己的行动实践着"永远坐在前排"。

玛格丽特上大学时,学校要求五年学完的拉丁文课程,她凭着自己顽强的毅力和拼搏精神,硬是在一年内全部学完了。令人难以置信的是,她的考试成绩竟然名列前茅。

其实,玛格丽特不光是学业上出类拔萃,她在体育、音乐、演讲及学校的其他活动方面也都一直走在前列,是学生中凤毛麟角的佼佼者之一。当年她所在学校的校长评价她说:"她无疑是我们建校以来最优秀的学生,她总是雄心勃勃,每件事情都做得很出色。"

正因为如此，40多年以后，英国乃至整个欧洲政坛上才出现了一颗耀眼的明星，她就是连续4届当选英国保守党领袖并于1979年成为英国第一位女首相、雄踞政坛长达11年之久、被世界政坛誉为"铁娘子"的玛格丽特·撒切尔夫人。

·女孩应该懂得的道理·

一位哲人曾经说过："无论做什么事情，你的态度决定着你的高度。""永远坐在前排"是一种积极、自信的人生态度，它可以激发你积极进取的精神，促使你努力把梦想变成现实。作为女孩，如果你也"永远坐在前排"，那么你终有成功的一天。

 知识点链接

### 撒切尔夫人

撒切尔夫人出身平民，没有显赫门第的庇荫，没有夫贵妻荣的依傍，靠着不断的努力追求和顽强的奋斗，终于在英国这个重门第、讲传统的国度里，在被视做"男人的领地"的政治斗争漩涡和激流中，一步一步地沿着成功的阶梯，到达权力之巅。她领导她的政府，使战后以来一直处于衰落不振的英国，出现了"中兴"的局面。她是一位足以傲视群雄的政治家，令无数男子刮目相看，相形见绌。

## 02 手握自信，你就能战胜任何困难

有一位女歌手，第一次登台演出，内心十分紧张。想到自己马上就要上场，面对上千名观众，她的手心都在冒汗：要是在舞台上一紧张，忘了歌词怎么办？越想，她心跳得越快，甚至产生了打退堂鼓的念头。

**写作关键词**
紧张 退堂鼓 自信 成功

就在这时，一位前辈笑着走过来，随手将一个纸卷塞到她的手里，轻声说道："这里面写着你要唱的歌词，如果你在台上忘了词，就打开来看。"她握着这张纸条，像握着一根救命稻草，匆匆上了台。也许有那个纸卷握在手心，她的心里踏实了许多。她在台上发挥得相当好，完全没有失常。

她高兴地走下舞台，向那位前辈致谢。前辈却笑着说："是你自己战胜了自己，找回了自信。其实，我给你的是一张白纸，上面根本没有写什么歌词！"她展开手心里的纸卷，果然上面什么也没写。她感到惊讶，自己凭着握住一张白纸，竟顺利地渡过了难关，获得了演出的成功。

"你握住的这张白纸，并不是一张白纸，而是你的自信啊！"前辈说。

歌手拜谢了前辈。在以后的人生路上，她就是凭着握住自信，战胜了一个又一个困难，取得了一次又一次成功。

·女孩应该懂得的道理·

每个女孩的人生中都有很多的第一次，遇到这种情况的时候，怎么办呢？有两种选择：一是浪费掉第一次宝贵的机会，从此给自己留下难以抹去的阴影，每当遇见同样的事情，畏首畏尾，极度紧张和不安；二是从容面对，勇敢完成即将到来的第一次，它将给你带来十分的快乐和百分的自信。

女孩，你会如何选择呢？"怕"字＝竖心旁＋白，意思就是白担心，明白了这一点，相信聪明的你应该知道该如何选择了。

 知识点链接

"救命稻草"的典故

曾经有这样一个传说：某艘船发生海难，其中一个人漂到了荒岛，后来获救。他是海难中唯一活下来的人。原来这个人一直看见他眼前有根稻草，他想去够着它。也许看见稻草是幻觉，但他就是凭着这样的信念在海上漂流直到获救。这就是"救命稻草"一词的由来。

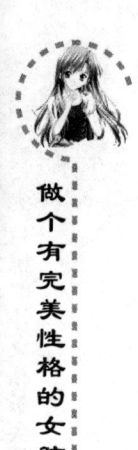

做个有完美性格的女孩

## 03 自信的回归，就是美丽的回归

在某小镇上有一个非常穷困的女孩子，她失去了父亲，跟妈妈相依为命，靠做手工维持生活。她非常自卑，因为从来没穿戴过漂亮的衣服和首饰。在这样极为贫寒的生活中，她长到了18岁。

写作关键词

缺憾 自卑 自信心

在她18岁那年的圣诞节，妈妈破天荒给了她20美元，让她用这个钱给自己买一份圣诞礼物。

她大喜过望，但是还没有勇气从大路上大大方方地走过。她捏着这点钱，绕开人群，贴着墙角朝商店走。

一路上她看见所有人的生活都比自己好，心中不无遗憾地想：我是这个小镇上最抬不起头来、最寒碜的女孩子。看到自己特别心仪的小伙子，她又酸溜溜地想：今天晚上盛大的舞会上，不知道谁会成为他的舞伴呢？

她就这样一路嘀嘀咕咕躲着人群来到了商店。一进门，她感觉自己的眼睛都被刺痛了，她看到柜台上摆着一堆特别漂亮的缎子做的头花、发饰。

正当她站在那里发呆的时候，售货员对她说："小姑娘，你的亚麻色的头发真漂亮！如果配上一朵淡绿色的头花，肯定美极了。"她看到价签上写着16美元，就说："我买不起，还是不试了。"但这个时候售货员已经把头花戴在了她的头上。

售货员拿起镜子让她看看自己。这个姑娘看到镜子里的自己时，突然惊呆了,她从来没看到过自己这个样子,她觉得这一朵头花使她变得像天使一样容光焕发!

她不再迟疑,掏出钱来买下了这朵头花。她的内心无比陶醉、无比激动,接过售货员找的4美元后,转身就往外跑,结果在一个刚刚进门的老绅士身上撞了一下。她仿佛听到那个老人叫她,但她已经顾不上这些,就一路飘飘忽忽地往前跑。

她不知不觉就跑到了小镇最中间的大路上,她看到所有人投给她的都是惊讶的目光,她听到人们在议论说:"没想到这个镇子上还有如此漂亮的女孩子,她是谁家的孩子呢?"她又一次遇到了自己暗暗喜欢的那个男孩,那个男孩竟然叫住她说:"不知今天晚上我能不能荣幸地请你做我圣诞舞会的舞伴?"

这个女孩子简直心花怒放!她想:我索性就奢侈一回,用剩下的这4美元回去再给自己买点东西吧。于是她又一路飘飘然地回到了小店。

刚一进门,那个老绅士就微笑着对她说:"孩子,我就知道你会回来的,你刚才撞到我的时候,这个头花也掉下来了,我一直在等着你来取。"

· 女孩应该懂得的道理 ·

不妨试想一下:在这个故事中,真的是一朵头花弥补了这个女孩生命中的缺憾吗?显然不是。其实,弥补缺憾的恰是她自信心的回归。

### 知识点链接

**圣诞节**

圣诞节,每年12月25日,是西方国家的基督徒庆祝耶稣基督诞生的庆祝日。在这一天,全世界所有的基督教堂都会举行专门的礼拜仪式,而基督徒们则是全家聚在一起,装饰圣诞树、做圣诞火腿以及互相赠送圣诞卡片。当然,在这个喜庆的日子里,最快乐的要数孩子们,他们早早就上床睡下,睡之前把圣诞袜子挂在床脚,等到早上起来翻看圣诞老人半夜进来送给他们的礼物。

## 04 不要让自卑控制你

20年前,她在北京的一所大学里上学。

大部分的日子,她都在疑心、自卑中度过。她疑心同学们会在暗地里嘲笑她,嫌她肥胖的样子太难看。

**写作关键词**
疑心 自卑 信心 勇气

她不敢穿裙子,不敢上体育课。大学时期结束的时候,她差点儿毕不了业,不是因为功课太差,而是因为她不敢参加体育长跑测试。老师说:"只要你跑了,不管多慢,都算你及格。"可她就是不跑。她想跟老师解释,她不是在抗拒,而是因为恐慌,恐惧自己肥胖的身体跑起步来一定非常的愚笨，一定会遭到同学们的嘲笑。可是，她连向老师解释的勇气也没有，茫然不知所措，只能傻乎乎地跟着老师走。老师回家做饭去了，她也跟着。最后老师烦了，勉强算她及格。

真正的转折出现在大学快毕业时，她感到自己真正走出了整整延续10年因肥胖而形成的心理自我封闭状态。她不再惧怕和别人在一起，开始穿大红大绿的衣服，做各种夸张的手势，用大嗓门说话。这时，她才发现，其实以前很多事情都是自己多心，是自己跟自己过不去。

现在，胖成了她挂在嘴边的一件事。她不但克服了胖的影响，还成为了一名主持人。

这个她，就是中央电视台著名主持人，而且是第一个完全依靠才气而丝毫没有凭借外貌走上中央电视台主持人岗位的张越。

·女孩应该懂得的道理·

世界上没有完美的事，也没有完美的人，人人都有缺陷，都有不足，都会产生自卑的情绪，但是千万不要让自卑成为一种习惯。因为自卑是人生中最危险的杀手，具有自卑情结，会让人不敢面对所有的一切，而是卑怯地自怨自艾，久而久之，积卑成"病"，失去了应有的信心和勇气。

## 知识点链接

张越，曾任中央电视台《半边天》主持人，曾获得过2006年度"优秀播音员主持人"的荣誉。在美女如云的电视节目主持人中，以富态雍容出了名的张越乐观洒脱，并以其特立独行的主持风格在观众心目中独占一席之地。

## 05 只要拥有信念，你将无所不成

**写作关键词**
积极性　信念　力量惊人

罗琳从小就热爱英国文学，热爱写作和讲故事，而且她从来没有放弃过。大学时，她主修法语。毕业后，她只身前往葡萄牙发展，随即和当地的一位记者坠入情网，并很快结婚。

无奈的是，这段婚姻来得快去得也快。婚后，丈夫的本来面目暴露无遗，他殴打她，并不顾她的哀求将她赶出家门。

不久，罗琳便带着3个月大的女儿回到了英国，栖身于爱丁堡一间没有暖气的小公寓里。

丈夫离她而去，工作没有了，居无定所，身无分文，再加上嗷嗷待哺的女儿，罗琳一下子变得穷困潦倒。她不得不靠救济金生活，经常是女儿吃饱了，她还饿着肚子。

但是，家庭和事业的失败并没有打消罗琳写作的积极性，用她自己的话说："或许是为了完成多年的梦想，或许是为了排遣心中的不快，也或许是为了每晚能把自己编的故事讲给女儿听。"她成天不停地写呀写，有时为了省钱省电，她甚至待在咖啡馆里写上一天。

就这样，在女儿的哭叫声中，她的第一本《哈利·波特》诞生了，并创造了出版界的奇迹，她的作品被翻译成近70种语言在200多个国家和地区发行，引起了全世界的轰动。

·女孩应该懂得的道理·

　　从落魄到发迹，从低谷到成功，罗琳是靠什么力量坚持着，才度过了幸运之神降临前漫长的等待？答案只有一个，那就是信念。一个没有信念，或者不坚持信念的人，只能平庸地过一生，而一个坚持自己信念的人，永远也不会被困难击倒。因为信念的力量是惊人的，它可以改变恶劣的现状，达成令人难以置信的圆满结局。

 知识点链接

**《哈利·波特》**

　　《哈利·波特》是英国女作家J.K.罗琳创作的系列小说，被翻译成近70种语言，在全世界200多个国家累积销量达4亿多册，位列史上非宗教、市场销售类图书首位。《哈利·波特》系列共有7本，其中前6本以霍格沃茨魔法学校为主要舞台，描写的是主人公哈利·波特在霍格沃茨魔法学校6年的学习生活和冒险故事。第七本描写的是哈利·波特在野外寻找魂器并消灭伏地魔的故事。

做个有完美性格的女孩

## 06 唱响自信之歌

凯丝·达莉是美国电影界和广播界的一位明星。

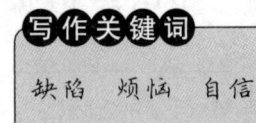

写作关键词

缺陷　烦恼　自信

凯丝·达莉从小就喜欢唱歌，梦想有一天能真正登上舞台，成为一名优秀的歌唱演员。但是她的牙齿长得很不好看，为此，她非常自卑。

一次，她终于赢得了一个登台演唱的机会——在朋友的推荐下，新泽西州的一家夜总会邀请她去演出。她既高兴，又紧张。在演出时，由于总担心别人看到她的龅牙，于是她总想把上唇拉下来盖住丑陋的龅牙，结果洋相百出。

演出之后，她伤心地哭了。正当她哭得伤心的时候，台下的一位老人对她说："孩子，你很有天分，坦率地讲，我一直在注意你的表演，我知道你想掩饰什么，你想掩饰你的龅牙。难道长了这样的牙齿就一定丑陋不堪吗？听着，孩子，观众欣赏的是你的歌声，而不是你的龅牙，他们需要的是真实。张开你的嘴巴，孩子，用你的歌声去征服观众，除了你，没人会在乎你的牙齿。再说了，说不定那些你想遮掩起来的龅牙，还会给你带来好运呢。"

凯丝·达莉接受了老人的忠告，不再去注意自己的龅牙。从那时起，她一心只想着自己的观众，她张大嘴巴，热情而高兴地唱着。最后，她成了电影界和广播界的一流明星。后来，甚至许多喜剧演员还希望学她的样子。

· 女孩应该懂得的道理 ·

就像这位歌唱家一样，我们每个人都有自己的缺陷和烦恼，但重要的是我们要对自己有信心。很多时候，我们自以为的缺点，恰恰是我们引以为荣的特点，只是我们现在没有觉察到罢了。

 知识点链接

### 新泽西州

新泽西州位于美国东部，是美国第四小以及人口密度最高的州（平均每平方公里约370人），其州的命名来自于英法海峡中的泽西岛。新泽西州昵称为"花园州"，不过整个州的实际情况却与该昵称风马牛不相及，这是因为此州有许多的化工厂，污染较为严重。在美国独立战争时期，因许多重要战役发生在新泽西州，此州便有了"独立战争的十字路口"的名称。

## 坚定的信念能够创造奇迹

一个8岁的女孩听到父母正在谈论她的小弟弟。她知道他病得非常厉害，但是，父母没有钱为他医治。他们正准备搬到一所小一点的房子里去住，因为在支付了医疗费之后，他们付不起现在这所房子的房租。现在，只有一个费用昂贵的

**写作关键词**
奇迹　坚定的信念

做个有完美性格的女孩

手术,才能救她的小弟弟的命了。但是,他们借不到钱。

当她听到爸爸绝望地对妈妈说"现在只有奇迹才能救他了"的时候,这个小女孩回到她的卧室里,把藏在壁橱里的猪形储蓄罐拿出来。她把里面的零钱全部倒在地板上,仔细地数了数。

然后,她把这个宝贵的储蓄罐紧紧地抱在怀里,从后门溜出去,走过6个街区,来到当地的一家药店。她从她的储蓄罐里拿出一个25美分的硬币,放在玻璃柜台上。

"你想要什么?"药剂师问。"我是来为我的小弟弟买药的。"小女孩回答道,"他病得很厉害,我想为他买一个奇迹。"

"你说什么?"药剂师问。

"他叫安德鲁,他的脑子里长了一个东西,我爸爸说只有奇迹才能救他。那么,一个奇迹需要多少钱?"

"我们这里不卖奇迹,孩子,我很抱歉。"药剂师说,歉意地对小女孩笑了笑。

"听着,我有钱买它。如果这些钱不够,我可以想办法再多弄些钱。只要你告诉我它需要多少钱。"

此时,药店里还有一位衣着考究的顾客。他俯下身,问这个小女孩:"你弟弟需要什么样的奇迹?"

"我不知道,"她抬起泪水模糊的双眸看着他,"他病得很重,妈妈说他需要做手术。但是我爸爸付不起手术费,所以我把攒下来的钱全都拿来买奇迹了。"

"你有多少钱?"那人问。

"一美元十一美分,不过我可以想办法多弄到一些钱。"她的声音轻得几乎听不见。

"噢,真是巧极了,"那人微笑着说,"一美元十一美分——这正好是为你的小弟弟购买奇迹的钱。"

他一只手接过她的钱,另一只手牵起她的小手说:"带我到你家里去。我想看看你的小弟弟,见见你的父母。让我们来看一看我是不是有你需要的那个奇迹。"

那位衣着考究的绅士就是专攻神经外科的外科医生卡尔顿·阿姆斯特朗。手术完全是免费的。手术后没多久,安德鲁就回家了,很快恢复了健康。

"那个手术,"她的妈妈轻声说,"真是一个奇迹,我想知道它到底能值多少钱。"

小女孩微笑了。她知道这个奇迹的确切价格:一美元十一美分,加上一个小孩子的坚定信念。

·女孩应该懂得的道理·

一个小女孩用她的全部积蓄去买奇迹,而奇迹竟真的买到了。这是一个近乎天方夜谭的故事,但我们想一想,却发现这奇迹是有迹可寻的。因为创造这个奇迹的,恰是小姑娘坚定的信念。

 知识点链接

### 绅士

绅士,或曰士绅,旧指地方上有势力、有名望的人,一般是地主或退职官僚。中西交往之后,该词被作为英语gentleman的意译之一,形容彬彬有礼、待人谦和、衣冠得体、谈吐高雅、知识渊博、见多识广、有爱心、尊老爱幼、尊重女性、无不良嗜好、人际关系良好、心地善良、举止优雅的男士。

做个有完美性格的女孩

## 埋葬"不可能"

贝勒夫人是阿肯色州一所乡村中学的教师,她性情活泼、和蔼可亲,深受学生爱戴。

**写作关键词**
我不能 我可以埋葬

有一天,她为学生们带来了别开生面的一节课。她让学生们在纸上写出自己不能做到的事。所有的学生都埋着头、全神贯注地在纸上写着。一个10岁的女孩在纸上写下了"我无法完整地背出太长的课文""我不会骑脚踏车""我不知道怎样才能让别人喜欢我"等等。她已经写完了半张纸,却丝毫没有停下来的意思,仍然在认真地写着。

每个学生都很认真地在纸上写下了一些句子,诉说着他们做不到的事情。贝勒夫人也正忙着在纸上写着她不能做到的事情,她写下了"我不知道如何才能让孩子的家长都来""我不知道怎样帮助玛丽,让她对数学产生兴趣"等。

大约过了10分钟,大部分学生已经写满了整张纸,有的已经开始写第二张了。"孩子们,写完一张纸就可以了,不要再写了。"这时,贝勒夫人宣布这项活动结束。学生们按照她的指示,把写满了他们认为自己做不到的事情的纸对折好,然后依次来到老师的讲台前,把纸投进一个空的纸盒里。

等所有学生的纸都投完以后,贝勒夫人把自己的纸也投了进去。然后,她把盒子盖上,提着它领着学生走出教室。走着走着,队伍停了下来。贝勒夫人走进杂物室，找了一把铁锹。然后，她一只手拿着纸盒，另一只手拿着铁锹，带着大家来到运动场最偏远的角落里，开始挖起坑来。学生们你一锹我一锹地轮流挖着，10分钟后，一个3英尺厚的坑就挖好了。他们把盒子放进去，然后又用泥土把盒子完全覆盖。这样，每个人的所有"不能做到"的事情都被深深地埋在了这个"墓穴"里，埋在了3英尺厚的泥土下面。

这时，贝勒夫人注视着围绕在这块小小的"墓地"周围的31个十多岁的孩子们，表情严肃地说："孩子们，现在请你们手拉着手，低下头，我们准备默哀。"学生们很快互相拉着手，在"墓地"周围围成了一个圆圈，然后都低下头来静静等待着。

"朋友们，今天我很荣幸能够邀请到你们前来参加'我不能'先生的葬礼。"贝勒夫人庄重地念着悼词，"'我不能'先生在世的时候，曾经与我们的生命朝夕相处。您影响着、改变着我们每一个人的生活，有时甚至比任何人对我们的影响都要深刻。您的名字几乎每天都要出现在各种场合。当然，这对于我们来说是非常不幸的。现在，我们已经把您安葬在了这里，并且为您立下了墓碑，刻上了墓志铭。希望您能够安息。同时，我们更希望您的兄弟姊妹'我可以''我愿意'，还有'我立刻就去做'等能够继承您的事业。虽然他们不如您的名气大，没有您的影响力强，但是他们会对我们每一个人、对全世界产生更加积极的影响。愿'我不能'先生安息吧，也祝愿我们每一个人都能够振奋精神，勇往直前！阿门！"

接下来，贝勒夫人带着学生又回到了教室。大家一起吃着饼干、爆米花，喝着果汁，庆祝他们越过了"我不能"这个心结。作为庆祝的一部分，贝勒夫人还用纸剪成一个墓碑，上面写着"我不能"，中间写上"安息吧"，下面写着当天的日期。贝勒夫人把这个纸墓碑挂在教室里。每当有学生无意说出"我不能……"这句话的时候，她只要指着这个象征死亡的标志，孩子们便会想起"我不能"先生已经死了，努力去想出积极的解决方法。

·女孩应该懂得的道理·

生活中有许多人被"我不能"左右着,沉浸在"我不能"的困境里,因此很多事情都无法得到解决。其实,我们不妨把"我不能"埋进坟墓,把"我可以"立在桌旁,时刻以积极的心态来面对这一切。

 知识点链接

**阿肯色州**

阿肯色州是美国东南部的一个州,1836那年加入美国联邦,期间曾因南北战争脱离联邦,战争结束后回归。

阿肯色州有个官方别名,叫"机会之地"。在这个州,许多企业大展宏图,其中有3家进入了世界五百强,它们是全球营业额最大的企业沃尔玛、全球最大的肉类供应商泰森食品以及墨菲石油公司。

阿肯色州还有一个官方绰号,叫"自然州"。这个名称是该州上世纪70年代为旅游业做广告而创造的,旅游业在阿肯色州的经济发展中起着非常重要的作用。

# 任何人都无法让你感到自惭形秽

一位黑人母亲带女儿到伯明翰买衣服。一个白人店员挡住女儿，不让她进试衣间试穿，傲慢地说："此试衣间只有白人才能用，你们只能去储藏室里一间专供黑人用的试衣间。"可母亲根本不理睬，她冷冰冰地对店员说："我女儿今天如果不能进这间试衣间，我就换一家店购衣！"女店员为留住生意，只好让她们进了这间试衣间，自己则站在门口望风，生怕有人看到。那情那景，让女儿感触良深。

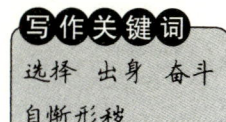

又一次，女儿在一家店里因摸了摸帽子而受到白人店员的训斥，这位母亲再次说："请不要这样对我的女儿说话。"然后，她对女儿说："康蒂，你现在把这店里的每一顶帽子都摸一下吧。"女儿快乐地按母亲的吩咐，真把每顶自己喜爱的帽子都摸了一遍，那个女店员只能站一旁干瞪眼。

对这些歧视和不公，母亲对女儿说："记住，孩子，这一切都会改变的。这种不公正不是你的错，你的肤色和你的家庭是你不可分割的一部分，这无法改变也没有什么不对。要改变自己低下的社会地位，只有做得比别人好、更好，你才会有机会。"

从那一刻起，不卑不屈成了女儿受用一生的财富。她坚信：只有教育才能让自己获得知识，做得比别人更好；教育不仅是她自身完善的手段，还是她捍卫自尊和超越平凡的武器！

后来,这位出生在亚拉巴马伯明翰种族隔离区的黑丫头,荣登《福布斯》杂志"2004年全世界最有权势女人"宝座,她就是美国前国务卿赖斯。

赖斯回忆说:"母亲对我说,康蒂,你的人生目标不是从'白人专用'的店里买到汉堡包,而是,只要你想,并且为之奋斗,你就有可能做成任何大事。"

·女孩应该懂得的道理·

我们无法选择自己的出身,无法选择身体发肤,但我们可以选择奋斗。在没有得到你的同意前,任何人都无法让你感到自惭形秽。

 **知识点链接**

### 赖斯

赖斯是黑人的后代,出生于美国种族隔离制度较为严重的伯明翰区,因为这个出身,尽管家庭条件优越,赖斯在成长过程中依然受到了许多不平等的待遇。黑人地位低下,处处受到白人的歧视和欺压,使得赖斯倍感羞辱,发誓一定要赶到白人的前头。而为了实现这一目标,赖斯数十年如一日,以超出他人8倍的辛劳发愤学习。

天道酬勤,赖斯"8倍的辛劳"带来了"8倍的成就"。她除了母语英语还精通俄语、法语和西班牙语;15岁考入美国名校丹佛大学并获得博士学位;26岁成为斯坦福大学最年轻的女教授,随后还出任这所大学最年轻的教务长,地位仅次于校长;能弹得一手好钢琴,还会网球、花样滑冰、芭蕾舞;是美国国内数一数二的俄罗斯武器控制问题的权威。

2005年,赖斯一飞冲天,出任美国国务卿,成为美国历史上第二位女国务卿。

## 10

## 抬起头来

有个女孩，清华大学建筑学院毕业后，顺利拿到了美国哈佛大学研究生院的录取通知书。可是，没想到一切都准备好了，却在美国大使馆签证时连续两次被拒，女孩很伤心，躲在宿舍里哭。

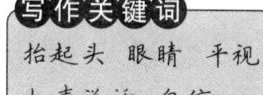
写作关键词
抬起头 眼睛 平视
大声说话 自信

一个要好的同学劝她："为什么不找个咨询公司帮忙？挺灵的。听说有个师姐，四年前被拒签过三次，四年后再去签，还没有过，后来找了一家咨询公司，在那里泡了半个月，很顺利就通过了。"

女孩动心了，找了一家叫"信心"的咨询公司。公司只有三个人，老板加两个助手。老板把女孩拿来的签证材料看了一遍说："你的材料没问题。"又让女孩介绍了两次被拒绝的经过。女孩细声细气地讲着，眼睛低垂，头也低着，不敢与老板对视，老板听着听着，打断女孩："不要说了，你的毛病就在这。"

原来，女孩性格内向，不善与生人交往，一说话脸就红，还老是低眉垂眼的，给人一种没有自信的感觉。老板很有经验地对女孩说："你在我们公司主要就训练三项内容：抬起头来，眼睛平视，大声说话。"于是，两个星期里，那两个助手什么也不干，就想方设法让女孩养成抬起头来与人平视的习惯，并训练她大声说话。

第三次签证，半是习惯，半是刻意，女孩始终高昂着头，眼睛直盯着那个签证官，侃侃而谈，应对如流，从容不迫。那个签证官

狐疑地看着前两次的拒签记录,嘴里嘟嘟囔囔地说:"'不自信,吞吞吐吐,不敢抬头',好像完全说的不是这个女孩儿。"最后,他微微一笑,"你很优秀,看不出有拒绝你的理由,美国欢迎你。"整个过程只有5分钟。

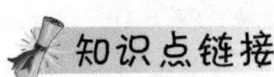

抬起头来、眼睛平视、大声说话,这是一个人自信的表现。而自信的人,往往更容易赢得别人的好感与认同。

### 知识点链接

#### 清华大学

清华大学前身是清华学堂,始建于1911年。清华大学地处北京西北郊繁盛的园林区,是在几处清代皇家园林的遗址上发展而成的,而这个独特的优势,使得清华大学享有"世界最美丽大学"的荣誉。

在中国,清华大学是最杰出的高等学府之一,也是亚洲和世界最重要的大学之一。对高中毕业生来说,清华是中国大陆竞争最激烈的大学,每年只有全国各省市高考成绩最优秀的高中毕业生才有机会被清华录取。

## 11 永远相信自己的力量

林巧稚是我国著名的妇产科专家,她治好的病人不计其数,经她亲手接生的孩子更是成千上万。人们非常尊敬她。然而,她刚刚生下来的时候,家里却因她是女孩子,一点儿也不喜欢她。

写作关键词
相信自己 目标
勇往直前 成功

巧稚是个聪明的孩子,到了该读书的年龄时,哥哥和弟弟都背着书包高高兴兴上学去了,而巧稚因为是女孩,被爸爸留在家中,她只好眼睁睁地看着哥哥、弟弟上学。可她非常想读书,于是,就使劲求爸爸。

爸爸被她磨得不行,总算答应让她去试试看。巧稚高兴极了,对爸爸说:"我一定好好学!"

上学后,巧稚学习很认真,许多男同学的成绩都比不过她。男同学不服气地说:"一个小丫头,看她有多能!"

一次,期末考试快到了,同学们都紧张地复习功课,课间休息时,巧稚和几个女同学在讨论问题。这时,几个男生朝着她们大声地叫着:"这次考试可难啦,你们女生准要考'糊',能及格就不错了。"巧稚听了呼地站了起来,理直气壮地说:"女生怎么啦?女生照样拿第一。咱们比比看!男生拿100分,我就拿110分!"

为了这句话,巧稚加倍刻苦学习。别人看1遍书,她就看3遍书;别人做一道题,她就做10道题;别人9点钟睡觉,她却要到深夜11点或12点钟睡。总之,她样样都要比别人多花工夫。

不久,考试到了。巧稚每堂考试都认真地答题,仔仔细细地计算。考试完了,成绩一公布,林巧稚果真拿到了全班第一名。男生不得不佩服地说:"林巧稚真行!"

以后,巧稚自己说的这句话深深地刻在她心里,样样都要拿"110分",样样都要比男生强!她靠着顽强的毅力、刻苦的精神,不断进取,努力奋斗,终于成为我国第一流的妇产科女专家。

·女孩应该懂得的道理·

无论如何都要相信自己的力量,因为只有相信自己的力量,才会朝着自己制定的目标勇往直前,既不为闲言碎语所左右,也不为一时的失败和挫折所动摇。最后,迎接你的,唯有成功。

 **知识点链接**

### 林巧稚

林巧稚是中国妇产科学的主要开拓者之一,为中国在胎儿宫内呼吸、女性盆腔疾病、妇科肿瘤、新生儿溶血症等方面的研究作出了贡献。她一生亲自接生了5万多婴儿,被誉为"万婴之母"。她将毕生的精力都奉献给了医学事业,为社会服务近60年之久,直到80岁高龄仍在撰写学术著作。

1983年4月22日,林巧稚走完了她的一生。在她的追悼会上,人们献上了4.5米高的幛联,上面写着:创产妇事业,拓道、奠基、宏图、奋斗,奉献九窍丹心,春蚕丝吐尽,静悄悄长眠去;谋母儿健康,救死、扶伤、党业、民生,笑染千万白发,蜡炬泪成灰,光熠熠照人间。60个字反映了她60余年的工作和业绩。

## 12 信念，让梦想重生

1967年夏天，美国跳水运动员乔妮·埃里克森在一次跳水事故中身负重伤，除了脖子未受伤之外，全身瘫痪。

写作关键词
信念　绝境　梦想重生

那时，乔妮哭了，绝望了，她不能接受这个残酷的现实。出院后，她叫家人把她推到跳水池旁。注视着那蓝盈盈的水波，仰望那高高的跳台，她忍不住偷偷地哭了起来。她知道她再也不能站立在那洁白的跳板上了，她再也无法融入到那蓝盈盈的水波中了。从此她被迫结束了自己的跳水生涯，那条通向跳水冠军领奖台的路上再也看不见她的踪影。

她一度绝望过，但她的心中还有信念。她拒绝了死神的召唤，开始冷静地思索人生的价值和生命的意义。

她借阅了许多关于励志以及前人如何成功方面的书籍。她虽然双目健全，但读书却十分艰难。她只能靠嘴衔根小竹片去翻书。但每一本书她都认认真真地用心去读，去感悟。有时病痛和疲惫常常迫使她停下来。休息片刻后，她还会坚持读下去。

慢慢地，她阳光了，她释然了：我的身体是残疾了，但是我的心没有残疾，我还有信念！许多人残疾以后，却在另外一条道路上获得了成功，他们有的创造了盲文，有的成了作家，有的创造出美妙的乐曲，我为什么不能？于是，她开始好好地审视自己，她想起来她除了喜欢跳水之外，对画画也很感兴趣。为什么不能在画画方

面有所成就呢？想到这，这位纤弱的姑娘变得更加自信、更加坚强。她捡起了中学时代曾经用过的画笔，用嘴衔着，练习开了。这是一个多么艰辛和痛苦的过程啊。

用嘴画画，这是一个多么幼稚的想法。家里人连听也未曾听说过。她们怕她不成功而更伤心，纷纷劝阻她："乔妮，别那么折磨自己了，用嘴画画怎么可能？我们会养活你的。"可是，他们的话不但没有打消乔妮的热情，反而激起了她学画的决心：我怎么能让家人养活我一辈子呢？她更加刻苦了，常常累得头晕目眩，汗水把双眼弄得又辣又痛，甚至有时委屈的泪水把画纸也浸湿了。为了积累素材，她还常常乘车外出，拜访艺术大师。好多年过去了，她的辛勤付出终于有了回报，她的一幅风景油画在一次画展上展出后美术界好评如潮。

1976年，她的自传《乔妮》一经问世便轰动了文坛。她收到了数以万计的热情洋溢的读者来信。两年之后，她的《再前进一步》一书又出版了，该书以作者的亲身经历向身患残疾的朋友讲述了应该怎样战胜病痛，如何立志成材。后来，这本书被搬上了银幕，影片的主角由乔妮自己饰演，她成了千千万万个青年尊崇的偶像和学习的榜样。

### ·女孩应该懂得的道理·

是什么让乔妮成就了自己的梦想，让她再次用成功的形象出现在人们眼前？是坚定的信念，是信念让她梦想重生。风风雨雨是生活中的必然，遇到困难当然在所难免，就像深邃的夜空中总有流星会消逝，但星星依旧闪烁。我们只要像乔妮一样心怀信念，便会走出困境，开辟出成功道路。

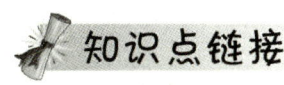

## 知识点链接

### 冠军

冠军,泛指体育、文化、艺术表演等竞技比赛中的第一名。这一称呼由来已久,第一次出现是在先秦时期。

公元前209年,中国历史上爆发了第一次大规模的农民起义。当时楚国有一位奋起反抗嬴秦暴政的大将宋一,英勇善战,十分威武,秦兵屡屡败于他的手下。由于他战功赫赫,位居诸将之上,楚军将士赠给他一个光荣的称号:"卿子冠军"。这是中国历史上第一个荣获"冠军"称号的人。

# 相信自己,才能做命运的主人

奥黛丽·赫本是20世纪最受世人喜爱与争相模仿的女性之一。在她成为电影演员的时候,好莱坞中就已经有一个名为凯瑟琳·赫本的超级女星。当时,

**写作关键词**
失去自己 人生方向
相信自己 命运的主人

导演曾劝奥黛丽·赫本改名字,以免别人会将她与凯瑟琳·赫本进行对比。

此外,一个小小的好莱坞中有两个赫本也并不是一件好事,而且凯瑟琳·赫本当时已经是著名的演员了,这对奥黛丽·赫本很不

利。可是,奥黛丽·赫本却充满自信地对导演说道:

"不,我一定要用真实的名字。"

"那是为什么?"

"因为我就是奥黛丽·赫本。"

奥黛丽·赫本是一个自信而有魅力的女人。她能够得到众多观众的欢心,恰恰是因为她对自己的热爱。

奥黛丽·赫本鼓励女性发掘与强调自己的优点,不仅改变了女性的穿着方式,也改变了女性对自我的看法。她刚出道的时候正是性感女星得到热烈追捧的时候,可是她却以激进的姿态和绝对的勇气,改变了世人所公认的美女定义,以特立独行的瘦削身材和短发树立起了自己的独特形象。

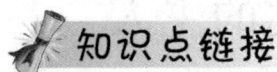

在前进的路上,如果失去了自己,也就失去了整个人生的方向。每个人都有自己的特点,坚持这个特点,这个特点也就变成了优点。我们只有始终相信自己,才能做命运的主人。

## 知识点链接

### 奥黛丽·赫本

奥黛丽·赫本,好莱坞最著名的影星之一,以高雅的气质与有品味的穿着著称,世人敬仰她为"人间天使"。奥黛丽·赫本踏上影视道路40余载,拍摄了多部电影、电视和戏剧,如《罗马假日》《龙凤配》《蒂凡尼的早餐》《窈窕淑女》,等等。而这些作品也为她带来了极大的荣誉,她曾获得过包括奥斯卡金像奖、金球奖、托尼奖、艾美奖、格莱美奖、纽约影评人协会奖在内的诸多奖项,成为拿全美四大艺术奖项(电影奥斯卡奖、戏剧托尼奖、音乐格莱美奖和电视艾美奖)的仅有的九人之一。

## 女孩自信手册——如何做到自信

1. 挑前面的位子坐。

心理学家通过研究证实，坐在前面能帮助人们建立信心。坐在前排，其意味就是"我能行""我很棒""我是无可畏惧的"。因此，从现在开始，你不妨试试看。当然，也许你会觉得坐在前面会比较显眼。但请记住一点：有关成功的一切都是显眼的。

2. 回忆过去的勇敢时刻。

我们如果经常重温过去的一些勇敢时刻，就会惊奇地发现，我们比想象中的自己要勇敢得多。生动回忆我们过去成功和勇敢的时刻，是自信心动摇时极其有益的训练，也是我们不断攀向成功高峰的有效方法。

3. 走路时抬头挺胸，步伐稍快。

心理学家发现，人的内心体验和行为姿势密切相关，因此，在走路时，应双肩平直，抬头挺胸，步伐稍快且坚定有力，这样会让人感觉有信心，有朝气，有内在力量，充满希望，同时也有助于保持自己的自信心。

4. 与人交流时正视对方。

在与人交谈时，一个人的眼睛能够透露出许多的信息：

不正视别人说明你很自卑，你感觉不如对方，你怕他（她）；

躲避别人的眼神说明你有罪恶感，你做了或想到什么你不希望别人知道的事，或者你怕别人看穿你；

正视别人说明你很诚实，你做的事都是光明正大的，你说的话也是值得相信的。

因此，在与人交流时，要注视对方的眼睛，这样别人才能够感受到你的真诚。

> 5. 练习当众发言。
>
> 美国成功学家拿破仑·希尔指出,有很多思路敏锐、天资高的人,却无法发挥他们的长处参与讨论。并不是他们不想参与,而是因为他们缺少信心。
>
> 心理学研究表明,多发言是信心的"维他命",换句话说,就是如果能够做到尽量发言,就会增加信心。

# 第二章

## 心中有爱，铸就女孩最美好的品质

爱是冬日里的一束阳光，爱是春天里的一缕微风，爱是漫漫长夜里的一豆灯光，爱是茫茫大海上的一座灯塔……正如法国作家雨果说的那样："人生是花，而爱是花蜜"；正如印度诗人泰戈尔说的那样："爱就是充实了的生命,正如盛满了酒的酒杯"。

爱与善举会循环，只要你拥有一颗爱心，并且让它在你心里长存，那么爱心不管在哪里开花，终究有一天会在那里结下果实。女孩的人生，也会因此而熠熠生辉！

## 女孩爱心图释

● 关爱、体贴父母。

解说语：一个有爱心的女孩，首先是一个关爱自己父母的女孩。一杯热水、一句"天凉多加衣"的叮咛、一桌简单的饭菜……这些都是女孩孝心和爱心的最好体现。

● 善待每一个人，不管他（她）是贫穷还是富有，是健康还是疾病。

解说语：有爱心的人绝不会因为金钱或权势而故意接近一个人，更不会因为贫穷或疾病而故意远离某个人。真诚关爱他人的心是纯洁无瑕的，它绝不会因为外界的物质利诱而发生改变。

◉ 伸出双手,给那些需要帮助者一丝温暖。

解说语:很多时候,我们的举手之劳,常常能给处于危难时刻的人们带去巨大的温暖。

◉ 有时,微笑也是一种爱心。

解说语:别人遇到困难时、遭遇失败时、心情沮丧时,我们一个善意的微笑、一个鼓励的眼神,常常也是爱心的表现。

做个有完美性格的女孩

## 01 播下爱的种子，收获爱的参天大树

有一个出生在密西西湖畔的乡下女孩，从小的理想就是当一名世界闻名的歌星，于是，她带着梦想来到了纽约。刚开始她的生活非常拮据，白天学习声乐，晚上在一个小餐厅当服务生。

**写作关键词**
关爱 参天大树 丰硕
果实 好人有好报

那天，一个面容憔悴、神情凄苦的老人为躲避外面的狂风走进餐厅。所有的人都漠视他，甚至有人因为老人的寒酸要赶他出门。只有女孩动了恻隐之心，她搬了一把软椅让老人休息，并为他要了杯饮料，当然，饮料钱算在她的账上。她还专门给老人唱了一首乡村歌曲，并热情邀请他参加她和朋友们的聚会。渐渐地，老人的心情舒畅起来。

两个月后的一天，女孩收到老人的一封加急邮件，邮件里面装有一串钥匙和一张巨额支票。看到这些东西，女孩惊鄂万分。

信的内容如下：

孩子：

我年轻的时候收养了3个越南孤儿，为此一直没有结婚。可在我含辛茹苦地教育他们长大成人并扶持他们建立了自己的事业后，他们却抛弃了我这个养父。我退休前在一家公司当工程师，有着丰厚的收入，但钱对我这个历尽沧桑、将要入土的老人而言毫无意义，我需要的是亲人的爱和温暖。孩子，只有你给过我这种金钱难买的感觉。现在,我已回到乡下落叶归根,我要把这一生的积蓄和房子都留给你,希望这些钱能帮助你实现梦想。

女孩心潮澎湃,久久难以平静,为了告慰老人,她用这笔钱做了一张音乐专辑,随即这张唱片风靡全球,她就是当今乐坛久负盛名的歌星——麦当娜。

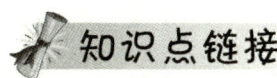

生活常常就是这样,当你在举手投足之间播下一颗颗关爱的种子,有一天,当它成长为参天大树并为你带来丰硕的果实时,你才会恍然大悟,原来,你赋予他人的慈爱和真诚并不需要很昂贵的付出,有时只像搬动一把椅子那样简单。

## 知识点链接

### 麦当娜

麦当娜,因主宰全球流行文化的喜怒哀乐超越四分之一个世纪,被誉为"世纪女皇"。自1982年发行第一支单曲之后,麦当娜便展开她全面征服、无人能及的流行霸业王朝。她在全球的专辑累积销量,早已轻松突破两亿大关,成为全球销量最高女歌手。而无论是歌手、音乐制作人、电影制作人、演员、舞者、慈善家、童书作者、母亲,或是设计师,麦当娜都能以这些不同身份,淋漓尽致地展现出令人赞叹的多元色彩。

做个有完美性格的女孩

## 心中有爱，人生才最美

南丁格尔出生在英国贵族家庭，但让父母感到奇怪的是，南丁格尔不像其他孩子一样喜欢做集体游戏。她热爱身边的小动物们，常常和身边的小猫、小狗、小鸟们聊天、玩耍，并经常照顾它们。

写作关键词

仁爱　照亮人生

有一次，院子里的一只小山雀死了。她用手帕小心翼翼地将小鸟包起来，安葬在花园的松树下，为它竖起一块小墓碑，并认真地写下了墓志铭。

童年时期的南丁格尔不像一般的孩子那样调皮，总是独来独往。她多愁善感，倔犟而执拗，在优越的家庭环境下孤独地成长着。19世纪时，英国经济萧条，饥民布满英国街头的各个角落。南丁格尔曾在日记中写道：无论何时，我的心中总是牵挂着那些苦难中的人们……

有一年夏天，南丁格尔一家去自家的别墅消夏避暑。在家人的反对声中，她帮助周围的穷人。她不怕肮脏和劳累，将自己的时间花在病人的茅屋中。一些病人家境贫寒，她便要求母亲为她提供药品、衣服等。她将这些东西分发给穷人，以解他们的燃眉之急。母亲认为出身贵族的女儿应该有所作为，而不是浪费时间来护理那些穷人。全家人都同意母亲的观点，这让南丁格尔陷入孤立之中。

但这并没有阻却南丁格尔追梦的脚步。一个偶然的机会，她认识了毕业于牛津大学的一位主治医师，并决心跟他学习诊疗方法。

在当时的英国，战争不断，医疗水平落后，再加上缺乏必要的管理，"医院"简直就像疯人院。医院中的"护士"更是令人不齿的职业，她们名声不佳，素质低下。因此，当南丁格尔提出要去当护士时，全家人都认为她疯了。

她经受着巨大的精神压力，咬紧牙关，丝毫都没有屈服。她开始悄悄地钻研医院报告和政府编印的蓝皮书，给国外的专家写信，请教各类护理问题。她背着父母得到了一些有关巴黎和柏林两市医院情况的调查报告。每天早晨，她至少会专心学习一个多小时。当要吃早饭时，她就快速地收拾好书本，若无其事地下楼用餐。她在父母面前表现得规规矩矩的，也不再提起内心的想法。

家人得知她依然着迷于护理知识，甚至私自学医后，决定联合起来惩罚她，将她关在家里，试图让她改变心意。

几年过去了。1851年南丁格尔以出去散心为借口，偷偷去了一家名为凯撒沃兹的慈善医疗机构。在那里学习了两个星期以后，她又前往法兰克福学习更深入的知识。她平静地向家人宣布了她终身不嫁、从事护理事业的决定，家里又一次爆发了战争。

第二天，南丁格尔勇敢地离开了家，走向了真正的护理之路。

·女孩应该懂得的道理·

经南丁格尔救治和护理的伤病员可以说是不计其数，她也用自己的一生抒写了大大的"仁爱"二字。在人生的旅途中，也许我们不能也不会有她那样的人生经历，但将仁爱之心长存心中，却是每一个女孩都应该做到的。

心中有爱，人生才最美。

## 知识点链接

### 南丁格尔

南丁格尔被认为是19世纪最出类拔萃、受人景仰和赞誉的伟大女性,后人称赞她是"伤员的天使"和"提灯女神"。她是现代护理的鼻祖及现代护理专业的创始人。1912年,国际护士会将她的诞辰日5月12日定为国际护士节,以缅怀和纪念这位伟大的女性。

南丁格尔幼时就勤奋好学,遍览各种经典名著,曾就读于法国巴黎大学,操英、法、意、德诸国语言。她的父母希望她发展文学、音乐才能,跻身上流社会,而她对此兴致单薄。她在日记中写道:"摆在我面前的道路有三条:一是成为文学家,二是结婚当主妇,三是当护士。"她不顾父母的反对而毅然选择了第三条道路。

# 时间流转,爱心亦流转

写作关键词
施恩 感恩 报恩

20年前某日黄昏,在一家自助餐店里,客人大致都离开了,有一名看似大学生的男孩才面带羞赧地走进店里。

"请给我一碗白饭,谢谢!"男孩低着头说。

店内刚创业的年轻老板夫妻，见他没有选菜，一阵纳闷，却也没有多问，立刻就盛了满满一碗的白饭递给他。

男孩付钱的同时，不好意思地说了一句："我可以在饭上淋点菜汤吗？"

老板娘笑着回答："没关系，你尽管用，不要钱。"

男孩吃饭吃到一半，想到淋菜汤不必付钱，于是又多叫了一碗。

"一碗不够是吗？我这次再给你盛多一点。"老板很热情地回应。

"不是的，我要拿回去装在便当盒里，明天带到学校当午餐。"

老板听了，在心里猜想，男孩可能来自南部乡下经济环境不是很好的家庭，为了不肯放弃读书的机会，独自一人北上求学，甚至可能半工半读，处境的困难可想而知，于是，悄悄在餐盒的底部先放入店里招牌的肉燥一大匙，还加了一粒卤蛋，最后才将白饭满满覆盖上去，乍看之下，以为就只是白饭而已。

老板娘见状，明白老板想帮助那名男孩，但却搞不懂，为什么不将肉燥大大方方地加在饭上，却要藏在饭底。老板贴着老板娘的耳说："男孩若是一眼就见到白饭加料，说不定会认为我们是在施舍他，这不等于直接伤害了他的自尊吗？这样，他下次一定不好意思再来。如果转到别家一直只是吃白饭，他又怎么有体力读书呢？"

"你真是好人，帮了人还替对方保留面子。"

年轻的老板夫妻，享受着助人的快乐。

"谢谢，我吃饱了，再见。"男孩起身离开。

当男孩拿到沉甸甸的餐盒时，不禁回头望了老板夫妻一眼。"要加油哦！明天见！"老板向男孩挥手致意，话语中透露着，请男孩明天再来店里用餐。

男孩眼中泛起泪光，却也没有让老板夫妻看见。从此，男孩除了连续假日以外，几乎每天黄昏都会来，同样在店里吃一碗白饭，再外带一碗走。当然，带走的那一碗白饭底下，每天都藏着不一样的秘密。直到男孩毕业，往后的20年里，这家自助餐店就再也不曾

出现过男孩的身影了。

某一天，将近50岁的自助餐店老板夫妻，接到市政府强制拆除违章建筑店面的通告。中年失业，平日储蓄又都给了儿子在国外攻读学位，想到生活无依，经济陷入困境，夫妻二人不禁在店里抱头痛哭了起来。

就在这个时候，一位身穿名牌西装、像是大公司经理级的人物突然来访。

"你们好，我是某大企业的副总经理，我们总经理命我前来，希望能请你们在我们即将要启用的办公大楼里开自助餐厅，一切的设备与食材均由公司出资准备，你们仅需带领厨师负责菜肴的烹煮，至于赢利的部分，你们和公司各占一半。"

"你们公司的总经理是谁？为什么要对我们这么好？我们不记得有认识这么高贵的人物。"老板夫妻一脸疑惑。

"你们夫妻是我们总经理的大恩人兼好朋友，总经理尤其喜欢吃你们店里的卤蛋和肉燥，我就只知道这么多。其他的，等你们见了面再谈吧。"

终于，那每次用餐只叫一碗白饭的男孩，再度现身了，经过20年艰辛的创业，男孩成功地建立了自己的事业王国，眼前这一切，全都得感谢自助餐老板夫妻的鼓励与暗助，否则，他当初根本无法顺利完成学业。

话过往事，老板夫妻打算告辞，总经理起身对他们深深一鞠躬并恭敬地说："加油哦，公司以后还要靠你们帮忙，明天见。"

### ·女孩应该懂得的道理·

付出总有回报，究竟何时得到回报，只是时间问题。所以，当我们付出的时候不要多想，只管付出就好，这不仅会让我们的内心收获一种助人的快乐，更会给他人带去莫大的鼓励。相信，时间流转，你所付出的爱必将增加数倍又再次流转回来。

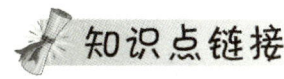 知识点链接

## 自助餐

自助餐是起源于西餐的一种就餐方式。厨师将烹制好的冷、热菜肴及点心陈列在餐厅的长条桌上,由客人自己随意取食,自我服务。

相传这是当时的海盗最先采用的一种进餐方式,至今世界各地仍有许多自助餐厅以"海盗"命名。海盗们性格粗野,放荡不羁,以至于用餐时讨厌那些用餐礼节和规矩,只要求餐馆将他们所需要的各种饭菜、酒水用盛器盛好,集中在餐桌上,然后由他们肆无忌惮地畅饮豪吃,吃完不够再加。海盗们这种特殊的就餐形式,起初被人们视为是不文明的现象,但久而久之,人们觉得这种方式也有许多好处。对顾客来说,用餐时不受任何约束,随心所欲,想吃什么菜就取什么菜,吃多少取多少;对酒店经营者来说,由于省去了顾客的桌前服务,自然就省去了许多劳力和人力,可减少服务生的使用,为企业降低了用人成本。因此,这种自助式服务的用餐方式很快在欧美各国流行起来。

## 慈善的不是钱，是心

写作关键词
爱心　金钱　慈善

2007年2月16日，刚刚卸任的联合国秘书长安南，在得克萨斯州的一个庄园里举行了一场慈善晚宴。应邀参加晚宴的都是富商和社会名流。在晚宴将要开始的时候，一位老妇人领着一个小女孩来到了庄园的入口处，小女孩手里捧着一个看上去很精致的瓷罐。

守在庄园入口处的保安拦住了她们，"欢迎你们，请出示请柬。"

"对不起，我们没有被邀请，是她要来，我陪她来的。"老妇人抚摸着小女孩的头说。

"很抱歉，没有请柬的人不能进去"保安说。

"为什么？这里不是举行慈善晚宴吗？我们是来表示自己心意的，难道不可以吗？"

"很高兴你们带着爱心来到这里，但是，我想这场合不适合你们进去。"保安解释说。

"叔叔，慈善的不是钱，是心，对吗？"一直没有说话的小女孩露西问保安。她的话让保安愣住了。

"我知道受到邀请的人有很多钱，他们会拿出很多钱。我没有那么多，但这是我所有的钱啊。如果我真的不能进去，请帮我把这个带进去吧！"小女孩露西说完，将手中的储钱罐递给保安。

保安不知道是接还是不接。正在他不知所措的时候，突然有人说:"不用了。孩子,你说得对,慈善的不是钱,是心。你可以进去,所有有爱心的人都可以进去。"说话的是一位老人,他面带微笑,站在小露西身旁。他拿出一份请柬递给保安,"我可以带她进去吗?"保安接过请柬,忙向老人敬了个礼,"当然可以了,沃伦·巴菲特先生。"

当天慈善晚宴的主角不是倡议者安南,不是捐出300万美元的巴菲特,而是仅仅捐出30美元零25美分的小露西。而晚宴的主题标语也变成了这样一句话:"慈善的不是钱,是心。"

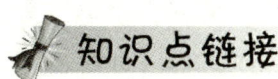
·女孩应该懂得的道理·

爱心不分贫富,爱心是不以金钱的数量来衡量的。奉献自己的爱心,只要是尽自己所能,就是义举。只要怀有真诚的慈善,你的心灵就是高贵的。

## 知识点链接

### 安南

安南,加纳人,联合国第7任秘书长。安南上任后,为联合国创造了有史以来的三个第一:第一位来自非洲的黑人秘书长、第一位从联合国基层做起因功绩卓著擢升为最高行政长官的秘书长、第一位带领联合国跨越两个世纪的秘书长。安南被公认为联合国历史上最富有改革精神的秘书长,在任职的8年中,他一直在不懈地推动联合国改革进程,致力于将这个声望下降的庞大机构改革成为能够应对新时期新挑战的卓有成效的权威国际组织。2001年10月12日,为了表彰安南对世界和平作出的贡献,挪威诺贝尔委员会宣布授予他诺贝尔和平奖。

做个有完美性格的女孩

## 只要爱还在，丑恶就会被埋没

二战时期，一座纳粹德国的集中营里，关押着很多犹太人，他们大多是些妇女和儿童。他们遭受着纳粹无情的折磨和杀害，人数在不断减少。

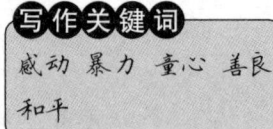

写作关键词

感动 暴力 童心 善良 和平

有一个天真、活泼的小女孩和她的母亲一起被关在集中营里。一天，她的母亲和另一些妇女被纳粹士兵带走了，从此，再也没有回到她的身边。人们知道她们肯定是被杀害了。因为每天都有人被害，死亡的阴影笼罩着每一个人，人们谁也不知道自己是否能活到第二天。但当小女孩问大人她的妈妈哪里去了，为什么这么久了还不回来时，大人们沉默着流泪了，后来实在不能不回答时，就对小女孩说，她的妈妈去寻找你的爸爸了，不久就会回来的。小女孩相信了，她不再哭泣和询问，而是唱起妈妈教给她的许多儿歌，一首接一首地唱着，像轻风一样在阴沉的集中营中吹拂。她还不时爬上囚室的小窗，向外张望着，希望看到妈妈从外面走过来。

小女孩没有等到妈妈回来，就在一天清晨被纳粹士兵用刺刀驱赶着，将她和数万名犹太人逼上了刑场。刑场上早就挖好了很大的深坑，他们将一起被活活埋葬在这里。人们沉默着，死亡是如此真实地逼近着每一个生命。面对死亡，人们在恐惧中发不出任何声音。

人们一个接一个地被纳粹士兵残酷地推下深坑，当一个纳粹士兵走到小女孩跟前伸手要将她推进深坑中去的时候，小女孩睁大漂亮的眼睛对纳粹士兵说:"刽子手叔叔,请你把我埋得浅一点好吗?要不,等我妈妈来找我的时候,就找不到了。"纳粹士兵伸出的手僵在了那里,刑场上顿时响起一片抽泣声,接着是一阵愤怒的呼喊……

人们最后谁也没能逃出纳粹的魔掌。但小女孩纯真无邪的话语却撞痛了人们的心,让人们在死亡之前找回了人性的尊严和力量。

·女孩应该懂得的道理·

暴力摧毁不了一切,在人性和真爱面前,暴力者看到了自己的丑陋,他们在爱心面前发抖,因为,他们知道他们的结局一定是失败。不管战争蔓延到哪,爱总会存在并蔓延,只要爱还在,丑恶就会被埋没,世界就不会灭亡。

知识点链接

### 二战知名集中营

第二次世界大战期间,德国纳粹分子为镇压异己和推行种族主义,在国内和被占领国建立了众多集中营。集中营也称"死亡营",通常建有用于大规模屠杀和进行人体试验的毒气室、尸体解剖室和焚尸炉。二战期间,纳粹集中营夺走了数百万人的生命,成为人类历史上最黑暗的一页。纳粹德国修建的主要集中营有位于波兰华沙的奥斯维辛集中营、位于德国慕尼黑的达豪集中营、位于德国柏林的萨克森豪森集中营,等等。

做个有完美性格的女孩

## 06 爱可以永恒

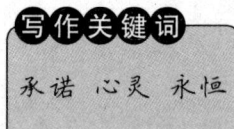

写作关键词

承诺 心灵 永恒

矿工下井刨煤时，一镐刨在哑炮上。哑炮响了，矿工当场被炸死。因为矿工是临时工，所以矿上只发放了一笔抚恤金，不再过问矿工妻子和儿子以后的生活。

悲痛的妻子在丧夫之痛后接着承受来自生活的压力。她无一技之长，只好收拾行装准备回到那个闭塞的小山村去。这时矿工的队长找到了她，告诉她说矿工们都不爱吃矿上食堂做的早饭，建议她在矿上支个摊儿，卖些早点，一定可以维持生计。矿工妻子想了一想，便点头答应了。

于是一辆平板车往矿上一支，馄饨摊儿就开张了。8毛钱一碗的馄饨热气腾腾，开张第一天就一下来了12个人。随着时间的推移，吃馄饨的人越来越多，最多时可达二三十人，最少时也从未少过12人，而且风霜雨雪从不间断。

时间一长，许多矿工的妻子都发现自己的丈夫养成了一个雷打不动的习惯：每天下井之前必会去吃上一碗馄饨。妻子们百般猜疑，甚至采用跟踪、质问等种种方法来探个究竟，均一无所获。甚至有的妻子故意做好早饭给丈夫吃，却发现丈夫仍然会去馄饨摊吃上一碗馄饨。妻子们百思不得其解。

直至有一天，队长刨煤时被哑炮炸成重伤。弥留之际，他对妻子说："我死之后，你一定要接替我每天去吃一碗馄饨，这是我们队

12个兄弟的约定。自己的兄弟死了,他的老婆孩子,咱不帮谁帮?"

从此以后每天的早上,在众多吃馄饨的人群当中,又多了一位女人的身影。来去匆匆的人群不断,而时光变幻之间唯一不变的是不多不少的12个人。

时光飞逝之间,当年矿工的儿子已长大成人,而他饱经苦难的母亲两鬓斑白,却依然用真诚的微笑面对着每一个前来吃馄饨的人,那是发自内心的真诚与善良。

更重要的是,前来光临馄饨摊儿的人,尽管年轻的代替了年老的,女人代替了男人,但从来未少过12个人,穿透十几年岁月沧桑,依然闪亮的是12颗金灿灿的爱心。

·女孩应该懂得的道理·

有一种承诺可以抵达永远,用爱心塑造的承诺,会穿越尘世间最昂贵的时光。12个共同的秘密其实只是一个秘密:爱可以永恒!

## 知识点链接

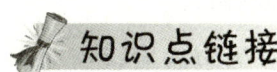

馄饨的各地叫法

中国北方等地通常称为"馄饨";四川俗称"抄手";湖北称为"水饺""包面";皖南叫"包袱";江西俗称"清汤",也有地方称为"包面"或"云吞";福建俗称"扁食""扁肉"。

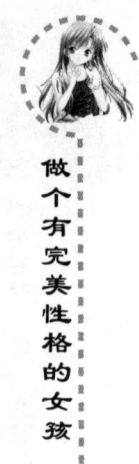

做个有完美性格的女孩

## 07 你需要为冷漠付费

写作关键词
阳光 关怀 受伤的灵魂
陌生的面孔 温暖

1935年,一件简简单单的偷窃案正在纽约最贫穷脏乱地区的法庭上审理。当时,拉瓜迪亚刚刚出任纽约市市长。他坐在法庭的角落里,亲眼目睹了这桩偷窃案的审理始末。

被指控的嫌疑犯是一位白发苍苍的老妇人。她的脸呈灰绿色,乍一看就知道她的健康状况极其糟糕,严重的营养不良。

事情其实很简单,老妇人在偷窃面包时,被面包店老板当场抓住,并被送到了警察局,最终被指控犯了偷窃罪。审判长威严地注视着这个瘦弱的老人,询问她是否清白或愿意认罪。老妇人啜嚅着回答:"是,我承认。我确实偷了面包,因为我家里还有几个饿着肚子的孙子,他们已经两天没有吃到任何东西了。如果我不给他们点东西吃,他们会饿死的。我需要那些面包。"

审判长听完被告的申诉,平静地回答道:"尽管如此,我必须秉公办事,维护法律的尊严,你可以选择10美元的罚款,或是10天的拘役。"

由于案情简单,被告供认不讳,庭审很快就结束了。就在法官宣布退庭前,一直坐在旁听席上的市长拉瓜迪亚站了起来。他脱下了自己的帽子,放进去10美元,然后转身对着旁听席上的其他人说:"现在,请在座的每一个人都交出50美分的罚金。我们每一个人都应该为自己的冷漠付费，因为我们生活在这样一个需要白发苍苍的老祖母去偷面包来喂养孙子的城市。"

旁听席上的气氛变得肃穆起来。所有的人都惊讶极了，接着是每个人都默默地拿出50美分捐了出来。

这场70多年前就已经结案的庭审，至今仍然感动人心。

---------·女孩应该懂得的道理·---------

有一句话是这么说的："爱的反义词不是恨，而是冷漠。"当我们都打开心门，让阳光住进来，让这个世界多分一些关怀，给角落中受伤的灵魂；多分一点爱，给那些陌生的面孔。如此，把冷漠变成爱，世界也将变得更温暖！

知识点链接

### 拉瓜迪亚

拉瓜迪亚，美国意大利裔政治家，曾任美国众议员、纽约市市长和联合国善后救济总署总干事。拉瓜迪亚在任纽约市市长一职期间，成功领导纽约市从大萧条中复苏，因此而闻名全国。他的政绩为人们广为称颂，现今纽约市拉瓜迪亚机场就是以他的名字命名的。

做个有完美性格的女孩

## 爱让温暖满人间

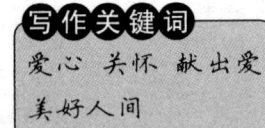

写作关键词
爱心 关怀 献出爱
美好人间

凌晨一点，当丹麦首都哥本哈根市沉浸在一片沉寂中的时候，消防报警中心的电话突然响起。

值夜班的见习消防队员迅速拿起电话筒，沉着地说："喂，您好！这里是哥本哈根市消防报警中心，请问您需要哪些帮助？"

见习消防队员听到电话的另一端传来了衰弱的声音："您好，报警中心，我年岁太大了，不小心在家摔了一跤。"

见习消防队员听出对方是一位年迈的老妇人，马上又问："请问您身边有别人吗，比如儿女或者保姆等？"不知为什么，那边没有马上回应。

见习消防队员又追问了一遍，过了片刻，才听到老妇人的回答："我一直是一个人生活，过去从来没有出现过类似的情况，也许今后真应该考虑请一位保姆了。"

听着老人虚弱的声音，消防队员有些着急，迅速问道："请问您摔得是否严重？您能说一下哪里受伤了吗？"

老妇人回答道："我现在……感觉头……很晕……"

听到老妇人的声音越来越微弱，而且是断断续续的，消防队员感到事情越来越不妙了，急忙对着话筒问道："请问您居住的是哪个街区？房间是多少号？"

老妇人回答说:"我全忘记了。"

消防队员马上联系电信局,希望能够通过电话来找到老人的地址,可是由于人员不齐,根本没办法找到。无计可施的消防队员,立刻叫醒了刚刚睡着的中尉。中尉马上拿起了电话:"夫人,您还在流血吗?疼不疼?"

"不疼,只是身子瘫痪了,两条腿动不了……脸上全是血……"

"您既然看得见,请告诉我,房间地面铺的是地砖还是地板?"

"是老式的镶木地板,要打蜡的。"

"天花板高吗?"

"高,很高。"

"这么说您是住在老式的房子里。百叶窗关了吗?"

"没关。"

中尉兴奋地对身后的消防队员说:"注意寻找一幢老式房子,窗口有灯光,大约二三楼。"

等到中尉继续对电话询问时,电话的另一端却出奇的寂静,老妇人就像突然消失了一样。中尉对着话筒一遍又一遍地询问,所有在场的值班消防员都希望能听到老妇人的回答,可是一刻钟过去了,电话的另一端始终毫无声息。

看来,老妇人一定是晕过去了。如果不及时解救,已经摔伤的老妇人很可能出现生命危险。所有人都作好了出发的准备,可是最棘手的问题是,谁也不知道这位老妇人家住何处。

大家绞尽脑汁地想,如何才能找到老妇人。看着窗外的消防车,见习消防队员突然想出了一个办法。当他把自己的想法向中尉报告后,中尉兴奋地表示,立即按照他的想法展开救助,用警笛锁定目标。

在寂静的凌晨,哥本哈根市的各个街区突然都出现了消防车的警笛声。睡梦中的人们都被这刺耳的警笛声惊醒了,纷纷打开灯,看看究竟发生了什么事情。一直拿着电话听筒的中尉忽然兴奋地喊

道:"我在电话中听到了消防车的声音!我听到了消防车的声音!肯定有一辆消防车就在老妇人住处的附近。"

接着,指挥中心传出了一个指令:"一号消防车停止鸣笛。"中尉示意继续,指挥中心又传出一个指令:"二号消防车停止鸣笛。"……

一直等到十二号消防车停止鸣笛之后,中尉马上做了一个胜利的手势,因为电话另一端的阵阵警笛声消失了。于是,指挥中心通知十二号消防车:"晕倒的老妇人就在你们附近。请用扩音器向你们周围的居民说明事情经过,请他们都把自己家的灯关掉,剩下的那个没关灯的房间肯定就是老妇人的家。"

接着,灯火通明的街区很快暗了下来,只有十二号消防车旁边的一幢楼里还有一盏灯亮着……

72岁的老妇人迅速被送到了医院。因为抢救及时,老妇人很快从昏迷中清醒过来,摔伤也得到了救治。

那天清晨,哥本哈根市的消防报警中心不断接到市民们关心老妇人病情的电话。其中不少人还说,凌晨响彻哥本哈根市的警笛声,是充满爱心的警笛声,是充满智慧的警笛声,是最动听的警笛声。

·女孩应该懂得的道理·

如此充满爱心的消防警察,让人不得不为之感动。可以想见,如果我们生活在这样的一个城市,将是多么的幸福。事实上,只要人人有爱心,人人肯付出爱心,这样的城市也将遍布整个世界。

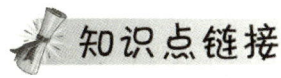 **知识点链接**

**哥本哈根**

丹麦首都哥本哈根是北欧最大的城市,也是著名的古城。

以哥本哈根"美人鱼"为标志的童话故事,为丹麦这个国家赢得了享誉世界的"童话王国"桂冠。世界童话大师安徒生就是丹麦人,圣诞老人据说也来自丹麦。从空中俯瞰哥本哈根,像是到了世界童话的迷宫中,一幢幢色彩缤纷的宫殿般的建筑物,点缀在一座座带有绿色塔尖的中世纪教堂,以及一排排漂亮的18世纪的民宅之间。

# 生命,是人类至真之爱的凝结

平静的加利福尼亚海湾褪去了先前的浮躁和凶猛,海面上波澜不惊,这异常沉寂的氛围带给人一种无比的压抑之情。只是水面上漂浮着的许多白色的花朵,才给这沉寂压抑的环境带来了些许亮色和温暖。这些天来,大海中漂泊着一束束百合花,每天都有很多人来到海边上撒落花朵,他们什么话也不说,只是静静地望着这些圣洁的百合花发呆。人群中有一位身材高挑、长着碧眼金发的女郎,她美丽而忧伤的眼睛中满蓄着泪水。她是

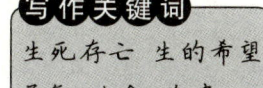

写作关键词
生死存亡 生的希望
勇气 生命 珍贵

"雅典娜"号沉船上22位幸存者中的两位女性之一。

她的名字叫玛丽·琏,来自意大利。她非常喜欢美国,是个典型的美国通。她是独自一人去加州游玩的。当警铃第一次拉响时,玛丽·琏吓坏了。她平生头一次乘船在大海上游玩,根本不知道怎么穿救生衣。面对茫茫无边的大海和汹涌澎湃的巨浪,玛丽·琏吓懵了,泪水止不住地从她美丽的面庞上滑落下来。这时有两位美国男子走过来,帮她穿上了救生衣。

玛丽·琏看到轮船的通道上乱作一团,立即清楚了事情的严重性。她手足无措地向人群跑去,男人们都主动让出了一条道,让妇女、儿童和老人先上甲板。经过数小时的挣扎,"雅典娜"号终于被淹没在巨浪滔天的大海中,海水也一下子把船舱淹没了。同舱的几名男子用头颅、手脚等各种手段,终于击碎了钢化玻璃,第一个逃出船舱的是玛丽·琏——男人们再一次把生的希望留给了她。

出了船舱后,玛丽·琏也只能在大海中任凭狂涛巨浪的摆布。突然,她看见一条橡皮救生筏,上面已经坐着一位老人,老人向她伸出了援助之手,她费了九牛二虎之力也未能爬上救生筏。此时一个巨浪扑来,一名男子被卷到了玛丽·琏的身边,那位男子毫不犹豫地把她推上了救生筏,而当玛丽·琏向这位男子伸手时,他却被巨浪卷入了海底,再也找不到一点痕迹……

玛丽·琏被惊呆了,那位老人更是热泪四溅……筏子依然在怒涛之巅摇荡,玛丽·琏放声痛哭起来,老人抚摩着她的头说:"孩子,不要怕!无论结局如何,我都会尽力帮助你,因为你还年轻,你一定要努力活下去,而我已经一大把年纪了。"玛丽·琏止住了哭声,这时,海面上已有了一丝亮色。猛然间,一个巨浪将筏子打翻,玛丽·琏死死抓住筏绳,而那位老人转眼间就消失在大海的深渊之中。

玛丽·琏已自顾不及,她不会游泳,但曾经看过自救的电影,于是她用两根指头塞住鼻孔,拼命地用嘴吸气,以防海水灌进鼻子把自己呛死。过了很久,玛丽·琏发现自己和筏子已靠近了海岸,岸边的波涛也异常凶猛,有人想拉她但没能拉住,她被反弹离开了海岸。危急中,她赶忙解开筏绳,一阵海浪扑来将她送到了岸上。这时,一个渔民用棉衣包住了她,她终于摆脱了死神的纠缠,幸运地活了下来,可是与她同舟共济的280位同胞却永远地消逝在了大海的深渊之中。

·女孩应该懂得的道理·

在生死存亡的时刻,把生的希望留给别人,而自己却永远地留在大海深处,这需要多么大的勇气才能做到!但正因为如此,才体现出了生命之珍贵,它是人类至真、至诚之爱的凝结。

## 知识点链接

### 海难

海难,指船舶在海上遭遇自然灾害或其他意外事故所造成的危难。发生海难事故的原因是多方面的,诸如:天气条件,船舶技术状态,船员技术水平和工作责任心,港口设施和管理水平等。

世界海难史上,丧生人数最多的是1948年中国的"江亚轮"海难,死亡超过3000人,是世界最大海难。经济损失最大、后果最为严重的是1978年美国油船"阿马柯·卡迪兹"号在法国西北部沿海搁浅遇难,22万多吨石油流散,造成海洋大面积污染,被迫赔款达8亿美元。

## 10 爱具有让人幸福一生的力量

有一个女孩，一生下来就是裂唇，随着年龄的增长，她逐渐发现了自己的与众不同。一跨进校门，同学们就用异样的讥嘲眼光看她。她认定自己的模样令人厌恶：一副畸形难看的嘴唇，弯曲的鼻子，倾斜的牙齿，说起话来还结巴。

写作关键词

爱的力量 无穷 温暖一生

同学们好奇地问她："你嘴巴怎么会变成这样？"她撒谎说小时候摔了一跤，给地上的碎玻璃割破了嘴巴。她觉得这样说，比告诉他们自己生来就是兔唇要好受点。她越来越肯定：除了家人以外，不会再有人喜欢她、爱她。

上二年级时，学校新来了一位姓金的老师，刚好教女孩所在的那个班级。金老师微胖，有一双清澈的黑亮的眼睛，很爱笑，一笑起来，露出两个酒窝，温馨可爱。每个孩子都敬慕她，喜欢和她亲近。

这个学校规定，低年级同学每年都要举行"耳语测验"。孩子们依次走到教室的门边，用右手捂着右边耳朵，然后老师在她的左耳边上轻轻说一句话，再由那个孩子把话复述出来。

女孩的左耳先天失聪，几乎听不见任何声音，她不愿把这事说出来，因为害怕同学们会更加嘲笑自己。

不过女孩有办法对付这种"耳语测验"。早在幼儿园做游戏时，她就发现没人看你是否真正盖住了耳朵，他们只注意你重复的话对不对。所以每次她都假装用手盖紧耳朵。

这次，和往常一样，女孩又是最后一个。每个孩子都兴高采烈，因为他们的"耳语测验"做得挺好。女孩心想：老师会说什么呢？以前，老师们一般总是说"天空是蓝色的"或者"春天真美丽"等等。

终于轮到女孩了，她把左耳对着金老师，同时用右手紧紧捂住了右耳。然后，悄悄把右手抬起一点，这样就足以听清老师的话了。

女孩等待着……

忽然，老师说了几个字。这几个字仿佛是一束温暖的阳光直射女孩的心田，抚慰了女孩受伤的、幼小的心灵。

这位微胖、温馨可爱的老师轻轻说道："我希望你是我的女儿！"

短短几个字，改变了女孩对人生的看法，从此，她变得快乐起来，自信和勇气逐渐增长，这种爱的力量伴随着她度过了人生路上的一切风雨和坎坷。

·女孩应该懂得的道理·

老师用爱的力量使女孩的心被一道温暖的阳光直射，让女孩幼小的心灵不再受到伤害。爱的力量就是这样巨大，不仅可以温暖人心，更可以让人享用一生、受益一生、幸福一生。

## 知识点链接

### 兔唇

兔唇在医学上被称为唇裂和腭裂。唇裂有碍美观，且影响吸奶，妨碍发音和牙槽骨的发育。引起唇腭裂的因素医学上尚未明了，但可能与遗传和环境有关。出现兔唇的婴儿需要接受多次手术，以及接受语言治疗等来补救这种先天缺陷。

做个有完美性格的女孩

## 11 保护受施者的尊严

旅美作家刘墉在他的著作《点一盏心灯》里讲了这样一个故事:

> **写作关键词**
> 施舍 奉献爱心 尊重他人 维护尊严

纽约的冬天气候恶劣,扑面的雪花不但令人难以睁开眼睛,甚至呼吸都会吸入冰冷的雪花。有时前一天晚上还是一片晴朗,第二天拉开窗帘,就发现雪已经积到一尺厚,连门都推不开了。只要一遇到大风雪,公司、商店就会停止上班,学校也通过广播宣布停课。可是令人不解的是,只有公立小学,即使那雪已经积得难以举步,却仍然要上课。只见黄色的校车,艰难地在路边接着小孩子,老师则一大早就口中喷着热气,铲去车子前后的积雪,小心翼翼地开车去学校。

据统计,10年来纽约的公立小学只因为超级暴风雪停过7次课。这是多么令人惊讶的事,犯得着在大人都无须上班的时候让孩子去学校吗?小学的老师也太倒霉了吧?

于是,每逢大雪而小学不停课时,都有家长打电话去责怪。妙的是,每个打电话的人,反应全是一样——先是怒气冲冲地指责,然后满口道歉,最后笑容满面地挂上电话。原因是,老师们告诉家长:

在纽约有很多有钱人家,但也有很多贫寒家庭。这些人家白天开不起暖气,供不起早餐,孩子的营养全靠学校的免费午餐(甚至可以多拿些回家当晚餐），学校停课一天穷孩子就受一天冻，挨一天饿，所以老师们宁愿自己苦一点，也不愿意停课。

或许有家长会说：何不让富裕的孩子在家里，让贫穷的孩子去学校享受暖气和免费午餐呢？老师们的答复是：我们不愿意让那些穷苦的孩子感到他们是在接受救济，因为施舍的最高原则，是保护受施者的尊严。

・女孩应该懂得的道理・

穷人的孩子，富人的孩子，在物质生活方面虽是不平等的，但在精神层面，他们却是绝对平等的人。在我们施爱的过程中，切记这样一个道理：尊重他人，维护他人的尊严。

### 知识点链接

#### 刘墉

刘墉，美籍华人，著名的画家、作家、新闻工作者、演员、诗人。在写作方面，据台湾最大连锁书店"金石堂"统计，刘墉为16年来台湾畅销书作家之冠，他的作品在中国大陆销售超过千万册；在绘画方面，刘墉曾应邀在世界各地举行个展近30次，作品被台湾历史博物馆、美国诺克斯维尔市政府、德国亚东博物馆、美国加州工艺博物馆等地收藏……

### 女孩爱心手册——如何培养爱心

1. **由爱父母开始到爱周围的人。**

要培养自己的爱心可以首先从爱父母开始。饭后给辛苦一天的父母捶捶背、倒一杯水；父母下班回家时递上拖鞋，接过包；做饭时帮父母择菜，吃完饭帮父母收拾桌子……这些都是爱父母的表现。当我们学会爱父母了，我们可以扩大范围，将爱心延续到别人身上去，如搀扶老人过马路、给爷爷奶奶念报纸、给孕妇让座，等等。

2. **爱护动植物。**

动植物也是有生命的，我们要和它们和谐相处，不要看到好看的花就摘，讨厌小狗就踢它一脚。一个连动植物都不知道爱护的人，一定是一个内心冷漠的人。

3. **同情别人。**

比如看到有人摔到了，不要在旁边幸灾乐祸，而要过去扶他一把；听到有人诉说悲惨的遭遇，不要冷嘲热讽，而要轻声安慰。你的同情，表达的是对别人的一种爱，对方会接收到的，且会对你充满感激。

# 第三章

## 好品质，成就女孩的完美人生

专注、诚实、诚信、负责、真诚……是每个人生命中最善良的珍宝，是一个女孩必须具备的品质。趁年轻，应该尽可能地为自己多收集一些，多储备一些，因为，终有一天它们会为你带来丰厚的回报。

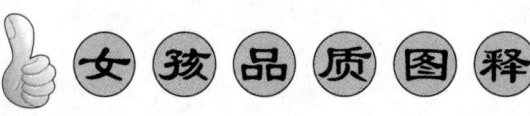

● 专注地去做每一件事。

**解说语**：专注是聚精会神，是心无旁骛，是不达目的不罢休。它是做好一件事的基础，是成功的必备能力，也是优秀女孩的必备一种品质。专心致志地去做一件事，即便你不会成功，但至少你会离成功更近一步。

● 不服输，勇于承担责任。

**解说语**：人生来就应当具备一种精神，一种敢于承担的精神，一种追求完美的精神，一种认真负责的精神。责任感是一个人最美的灵魂，拥有责任感的人，无论做什么事情，她都是最光鲜、最完美的那一个。

● 千金难买一颗诚信的心。

解说语：诚信是不撒谎，答应别人的事情一定要保质保量地完成。假如你自认为是一个诚信的人，那同时你也是一个"富翁"，因为一颗诚信的心价值百万。

● 能管住自己的女孩最命好。

解说语：茫茫人海之中，有人总能得到命运女神的垂青，有人却时常感叹命运不济……并不是命运女神对你不公，而是你还没有发现让自己命好的规律：能管住自己的女孩总能抗拒诱惑，好好保护自己，不会走弯路……这样的女孩最命好！

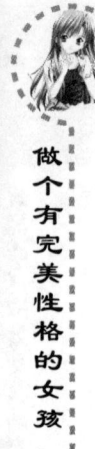

## 01 伟大人物的最明显标志，就是专注

少年时期的居里夫人读书专心致志是出了名的。

她的专注甚至到了让人难以置信的地步。

**写作关键词**
专心致志 注意力 专注

只要一拿起书，她就成了一尊雕像，除了眼珠的转动外，全身各处绝不会有丝毫动静，仿佛她已完全融入了书本中，周围的一切，连同她自己都不存在了。

她的姐妹们都认为这是一种怪癖，每当她看书时，姐妹们就挖空心思想要转移她的注意力。

有时她们故意说些有趣的故事，有时又唱又跳，有时在她身边做游戏……

但是，这些骚扰都没能够转移她的注意力，她甚至连眼皮都不抬。

有一次，姐妹们将屋子里所有的椅子都收集起来，然后开始在她身边搭起椅子"积木"。

她们摆好了第一层椅子后，又放两把椅子上去做第二层，这时椅子"积木"已经很危险了，因为椅子是斜着放上去的，为的是尽量把它堆得易于坠落。

接着又放一把椅子上去做第三层。

这时只要坐在椅子"积木"中的人稍微一动，椅子就会轰然倒塌。

然而无论是摇摇欲坠的椅子，还是姐妹们故意夸张的说笑，都不能让她从书本中分神出来。时间一分一秒过去了，她依旧纹丝不动地坐在一大堆椅子中，把头埋在书本中。

姐妹们都等得不耐烦了，看着她专注的神情，怀疑她是用特殊材料制成的。

一个小时过去了，她终于读完了一章，她合上书，刚抬起头，椅子轰的一声倒塌了。

她没有生气，也没有吃惊，只是带着一种从梦幻中醒来的神情，拿着书走出来，找另一本书去了。

・女孩应该懂得的道理・

所谓"专注"，就是集中精力、全神贯注、专心致志。

发明家爱迪生曾对"专注"下过这样的注解："伟大人物的最明显标志，就是他坚强的意志，不管环境变换到何种地步，他的初衷与希望仍不会有丝毫的改变，而终于克服障碍，以达到期望的目的。"

知识点链接

### 居里夫人

居里夫人出生于波兰，后因在巴黎求学、生活加入法国国籍，是世界著名的科学家。居里夫人专门研究放射性现象，发现了镭和钋两种天然放射性元素，为人类作出了伟大的贡献。正因为如此，居里夫人被世人称为"镭的母亲"，而且被授予诺贝尔物理奖和化学奖的荣誉。这崇高的荣誉使得她成为历史上第一个获得两项诺贝尔奖的人，而且是仅有的两个在不同的领域获得诺贝尔奖的人之一。

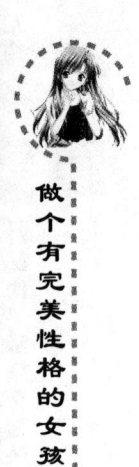

## 02 洗厕所也需要责任心

多年前，一个年轻的日本姑娘来到东京，准备在帝国酒店当服务员。姑娘很激动，因为这是她的第一份工作。于是，姑娘穿上自己最喜欢的一套衣裙来上班了，满心的欢喜与兴奋。但是让她万万没有想到的是，主管居然安排她清洗厕所。

**写作关键词**
苛刻的要求　退堂鼓
责任心

怎么会是洗厕所呢？姑娘的心一下子冷了半截。哪个年轻姑娘想做这种又脏又累又没尊严的工作呢？

她虽然很不情愿，但还是接受了。她每次用自己白皙细嫩的手拿着抹布伸向马桶时，胃里立刻翻江倒海起来，恶心得要呕吐却又吐不出来，太难受了。而上司对她的工作质量要求特别高，简直高得骇人：必须把马桶刷洗得光洁如新！

面对如此苛刻的要求，姑娘常常委屈得哭鼻子。没多久，她开始打退堂鼓了。姑娘面临着一次重要的抉择：是继续干下去，还是另谋职业？

一位前辈看到她的犹豫态度，不声不响地为她作了示范。他蹲下来，开始一遍又一遍地清洗马桶，直到抹得光洁明亮。然后，他从马桶里盛了一杯水，一饮而尽。从他脸上姑娘看不到丝毫的勉强，就好像那是一杯可乐。

前辈对工作的态度，使她明白了什么是工作、什么是责任心。

从此，她每天都精神饱满地清洗着一只只马桶，对每一个人都面带微笑。而她的工作质量也达到了那位前辈的高水平。

她就这样迈出了职业生涯的第一步，从此，她开始了她的不断走向成功的人生历程。几十年后，她成为了日本政府的邮政大臣。她的名字叫野田圣子。

------·女孩应该懂得的道理·------

如果你是那位年轻的姑娘，上班第一天被安排清洗马桶，你会怎么做？如果由你负责清洗马桶，你敢从你洗过的马桶中舀水喝吗？

人生来就应当具备一种精神，一种敢于承担的精神、一种顽强拼搏的精神、一种追求完美的精神。拥有这种精神的人，无论最初她所做的是什么工作，最终她必然是人生最光鲜的那一个。

## 知识点链接

### 东京

东京是日本国的首都。500多年前，它还是一个人口稀少的小渔镇，当时叫做"江户"。1457年，一位名叫太田道灌的武将在这里构筑了江户城，此后，这里便成了日本关东地区的商业中心。1603年，日本在江户建立了中央集权的德川幕府，使江户迅速发展成为全国的政治中心。1868年，日本明治维新后，天皇由京都迁居至此，改江户为东京，并将东京设为日本的首都。现在，东京是日本的政治、经济、文化教育中心，还发展成为了亚洲第一大城市，世界第二大城市，全球最大的经济中心之一。东京的著名观光景点有东京铁塔、皇居、浅草寺、上野公园、彩虹大桥、迪斯尼乐园、涩谷、秋叶原等，比较有特色的比赛有棒球和相扑。

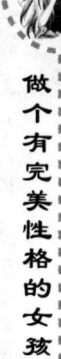

做个有完美性格的女孩

## 03 责任意味着承担，承担意味着永远

写作关键词
承诺 责任 认真负责

海拉蒂今年4岁半了，在萨尔马多城上幼儿园。最近她在学习有关植物方面的知识。海拉蒂迷上了植物，她觉得那些花草实在是太美了，便苦苦地哀求爸爸给她买一盆鲜花。

爸爸同意了海拉蒂的请求，趁周末带着海拉蒂到花卉市场买了一盆小花。父亲希望海拉蒂看到小花生长的整个过程，并且能够自己照顾它。于是，父亲和海拉蒂约定，由海拉蒂负责照顾鲜花，给它浇水和施肥。

最初几天，海拉蒂非常兴奋，每天耐心地给小花浇水，还根据日照的情况，不断给花盆挪动位置，并拿出本子，歪歪扭扭地在上面画出花卉生长的情况。

海拉蒂的父亲看到小海拉蒂这么有责任心，十分满意。可是，没过多久，海拉蒂的父亲发现小海拉蒂给花浇水的次数越来越少了，甚至好多天都不给小花浇水，也不做记录，似乎她已把养花的事给忘了。结果，小花慢慢枯萎了，叶子也开始泛黄，生长的速度减慢了，再过几天，盆花快死了。

吃过晚饭，海拉蒂的父亲把海拉蒂叫到阳台，说："你给花浇水了吗？"

海拉蒂低着头说："没有。"

"为什么没有?"

"我……"

"我们在买这盆花的时候,是怎么说的?由谁负责给这盆花浇水?"

海拉蒂沉默不语。

"你看,这盆花多么伤心、悲哀!它失去了美丽的叶子变得枯黄,而这都是因为你。"

以后的日子里,海拉蒂每天坚持给花浇水,小花不久又恢复了以往漂亮的颜色。

·女孩应该懂得的道理·

不只是照顾鲜花,任何事情都是这样,当我们丧失了责任心,一切好的结果都将与我们无缘。责任就意味着承担,这种承担不是一天两天,而是永远……当你习惯了这种承担,一种受益一生的良好品质也就形成了。

知识点链接

### 责任心的培养方法

1. 从小事做起。要培养自己强烈的责任感就不应该忽视日常生活中的小事。

2. 自己的事情自己做。自己的事情一定要自己做,千万不要再期望父母来帮助。总有一天我们要走入社会,何不及早锻炼自己呢?

3. 学会关心他人。关心他人也有助于责任心的培养,我们要从关心自己的父母、亲人和家庭开始,在家庭生活的磨炼中培养责任心,进而上升为对家庭、对父母以及对社会负责。

4. 要履行承诺。要从小就做言而有信的人,一旦许下的诺言,就要尽力去履行。这既是对别人负责,同时也是对自己负责。

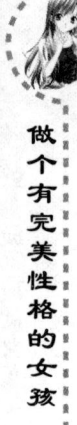

## 04 真诚是打动人的最佳方式

飞机起飞前,一位乘客请求空姐给他倒一杯水吃药,空姐很有礼貌地说:"先生,为了您的安全,请稍等片刻,等飞机进入平稳状态后,我会立刻把水给您送过来,好吗?"

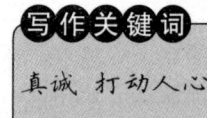

写作关键词
真诚 打动人心

15分钟后,飞机早已进入了平稳状态。突然,乘客服务铃急促地响了起来,空姐猛然意识到:糟了,由于太忙,她忘记给那位乘客倒水了!空姐来到客舱,看见按响服务铃的果然是刚才那位乘客。她小心翼翼地把水送到那位乘客跟前,面带微笑地说:"先生,实在对不起,由于我的疏忽,延误了您吃药的时间,我感到非常抱歉。"这位乘客抬起左手,指着手表说道:"怎么回事,有你这样服务的吗?"空姐手里端着水,心里感到很委屈,但是,无论她怎么解释,这位挑剔的乘客都不肯原谅她的疏忽。

接下来的飞行中,为了补偿自己的过失,每次去客舱给乘客服务时,空姐都会特意走到那位乘客面前,面带微笑地询问他是否需要水,或者别的什么帮助。然而,那位乘客余怒未消,摆出一副不合作的样子。临到目的地前,那位乘客要求空姐把留言本给他送过去,很显然,他要投诉这名空姐。此时空姐心里虽然很委屈,但是仍然不失职业道德,显得非常有礼貌,而且面带微笑地说道:"先生,请允许我再次向您表示真诚的歉意,无论你提出什么意见,我都将欣然接受!"那位乘客脸色一紧,准备说什么,却没有开口,他接过留言本，开始在本子上写了起来。

等到飞机安全降落，所有的乘客陆续离开后，空姐本以为这下完了。

没想到，她打开留言本，却惊奇地发现，那位乘客在本子写下的并不是投诉信，相反，这是一封热情洋溢的表扬信。是什么使得这位挑剔的乘客最终放弃了投诉呢？在信中，空姐读到这样一句话："在整个过程中，你表现出的真诚的歉意，特别是你的12次微笑，深深打动了我，使我最终决定将投诉信写成表扬信！你的服务质量很高，下次如果有机会，我还将乘坐你们的这趟航班！"

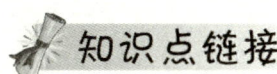

·女孩应该懂得的道理·

真诚是打动人心的最有效方式，在真诚的笑脸面前，没有人能保持怒容。

### 知识点链接

**空姐**

空姐，也叫做"航空服务"，泛指民航客运机上从事旅客服务的女性工作人员。空姐在工作、生活、驻外期间应具有良好的个人修养和礼貌礼仪。如：空姐在工作区域应着装大方，不着奇装异服，工作装与便装不混穿；与旅客、领导、同事相遇，应微笑示意、驻足让道、主动问好；空姐在任何时候均应以礼貌平和的方式讲话；接听电话时应使用文明电话用语；维护公共场所秩序，不大声喧哗、嬉笑、打闹……

做个有完美性格的女孩

# 人无诚信无以立足

有一个女孩高中刚毕业就去了法国,开始了半工半读的留学生活。

写作关键词

失信 诚信 立足

渐渐地,她发现当地的车站几乎都是开放式的,不设检票口,也没有检票员,甚至连随机性的抽查都非常少。凭着自己的聪明劲,她精确地估算了这样一个概率——逃票而被查到的比例大约仅为万分之三。她为自己的这个发现而沾沾自喜,从此以后,她便经常逃票上车,还找到了一个宽慰自己的理由:自己还是个穷学生嘛,能省一点是一点。

4年过去了,名牌大学的金字招牌和优秀的学业成绩让她充满了自信,她开始频频地进入巴黎一些跨国公司的大门,踌躇满志地推销自己。然而,结局却是她始料不及的——这些公司都是先对她热情有加,但数日之后,却又婉言相拒。真是莫名其妙。

最后,她写了一封措辞恳切的电子邮件,发送给了其中一家公司的人力资源部经理,烦请他告知不予录用的理由。当天晚上,她就收到了对方的回复——

小姐:

我们十分赏识您的才华,但我们调阅了您的信用记录后,非常遗憾地发现,您有3次乘车逃票受罚的记载。我们认为此事至少证明两点:1. 您不尊重规则;2. 您不值得信任。鉴于以上原因,敝公司不敢冒昧地录用您,请见谅。

直到此时,她才如梦初醒,懊悔难当。然而,真正让她产生一语惊心之感的,却还是对方在回信中最后摘录的一句话:道德常常能弥补智慧的缺陷,然而,智慧却永远填补不了道德的空白。

·女孩应该懂得的道理·

这个故事正验证了美国政治家富兰克林曾说过的话:"失足,你可能马上站起来;失信,你也许永难挽回。"做人,是一门大学问,而这个学问的第一课其实就是讲诚信,因为人无诚信无以立足。

 知识点链接

### 富兰克林

美国1988年和1996年版的百元美钞上,印着的头像就是富兰克林。富兰克林一生有众多头衔——文学家、政治家、外交家、哲学家、科学家、出版商、航海家、启蒙思想家、美国独立战争的伟大领袖。有人说,他是18世纪仅次于华盛顿的名人。他的一生最真实的写照就是他自己所说过的一句话:"诚实和勤勉,应该成为你永久的伴侣。"

## 06 专注使人走向成功

**写作关键词**
专注 目标准确 心无旁骛 全力以赴 成功

艾米莉·勃朗特出生在英国的一个穷牧师家里。她很小的时候，母亲就去世了。年幼的艾米莉和姐姐夏洛蒂，一同挑起了生活的重担。每天，姐姐都要到有钱的人家去当家庭教师，她就在家里做家务。

艾米莉非常喜欢文学。爸爸的书，她早就反反复复地看过几遍了。她多想能有些新书啊！可是家里穷，没有钱让她去买书，她只好到处向人家借。为了看到更多的书，她抓紧一切时间：做菜时，一手炒菜，一手端书；到市场上去买东西，也忘不了带上心爱的书，有好几次她险些撞上了马车。

有一次，艾米莉洗完衣服，开始做午餐了，她把面包送进烤箱烘烤，自己就在一边看书。这是一本新借来的小说，书中一个小女孩的悲惨命运，深深地吸引了她。她完全沉浸在悲哀之中，完全忘记了烤箱中的面包。这时，姐姐回来了，一进门，感觉有股什么怪味道，就喊了声："艾米莉，什么东西烤糊了？"艾米莉此时正伤心地擦着眼泪，没有听到姐姐的叫声。夏洛蒂到处闻闻，发现烤箱正开着，那味道正是从那儿传来的。她赶紧跑过去关了电闸，然后端起烤得黑糊糊的面包，递到艾米莉眼前。艾米莉吃了一惊，抬起头，红红的眼睛望着姐姐："这是什么？是那可怜的小女孩的午餐吗？她一直都吃这种黑面包……"夏洛蒂知道，妹妹看书又看呆了，便笑着说:"不,这是我们几个可怜的小女孩的午餐!"艾米莉这才想起,面包早就该取出来了。

艾米莉就是这样利用每一分每一秒,一门心思看书、琢磨,就这样看了许多好书。后来,她开始写作。经过不懈的努力,她终于写出了一部闻名世界的作品——《呼啸山庄》。

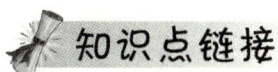

专注的人,会在做事时目标准确,心无旁骛,全力以赴,从而最终走向成功。

## 知识点链接

### 艾米莉·勃朗特

艾米莉·勃朗特,19世纪英国小说家、诗人,出生于贫苦的牧师之家,从童年时代起就酷爱写诗。1847年,艾米莉·勃朗特创作的小说《呼啸山庄》和姐姐夏洛蒂·勃朗特的《简爱》、妹妹安妮·勃朗特的《艾格尼丝·格雷》一问世,便引起了文学界强烈的轰动,从而奠定了勃朗特三姐妹在英国文学界以及世界文学界上的地位。而一家出3个作家,更使勃朗特三姐妹成为英国文学界的佳话。除了小说,艾米莉·勃朗特还创作了193首诗,被认为是英国一位天才型的女作家。然而,遗憾的是,这位女作家在世界上仅仅度过了30年便默默无闻地离开了人间。

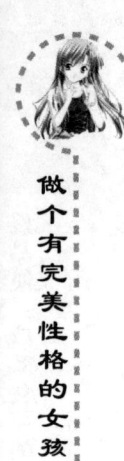

做个有完美性格的女孩

# 人生最宝贵的财富就是良好的品质

30年前，美国华盛顿一个商人的妻子，在一个冬天的晚上，不慎把一个皮包丢在一家医院里。商人焦急万分，连夜去找。因为皮包里不仅有10万美金，还有一份十分机密的市场信息。

写作关键词
人生 资本 品行

当商人赶到那家医院时，他一眼就看到，清冷的医院走廊里，靠墙根蹲着一个冻得瑟瑟发抖的瘦弱女孩，在她怀中紧紧抱着的正是妻子丢的那个皮包。

原来，这个叫西亚达的女孩，是来这家医院陪病重的妈妈治病的。相依为命的娘儿俩家里很穷，卖了所有能卖的东西，凑来的钱仅够一天的医药费，没有钱明天就得被赶出医院。晚上，无能为力的西亚达在医院走廊里徘徊，她天真地想求上帝保佑，能碰上一个好心人救救她妈妈。突然，一个从楼上下来的女人经过走廊时腋下的一个皮包掉在地上，可能是她腋下还有别的东西，皮包掉了竟毫无知觉。当时走廊里只有西亚达一个人，她走过去捡起皮包，急忙追出门外，那位女士却上了一辆轿车扬长而去了。

西亚达回到病房，当她打开那个皮包时，娘儿俩都被里面成沓的钞票惊呆了。那一刻，她们心里都明白，用这些钱可能治得好妈妈的病。妈妈却让西亚达把皮包送回走廊去，等丢包的人回来取。

妈妈说，丢钱的人一定很着急。人的一生最该做的就是帮助别人，急他人所急；最不该做的是贪图不义之财，见财忘义。

虽然商人尽了最大的努力，西亚达的妈妈还是抛下了孤苦伶仃的女儿。她们母女俩不仅帮商人挽回了10万美元的损失，更主要的是那份失而复得的市场信息，使商人的生意如日中天，不久就成了大富翁。

被商人收养的西亚达，读完了大学就开始协助富翁料理商务。虽然富翁一直没委任她任何实际职务，但在长期的历练中，富翁的智慧和经验潜移默化地影响了她，使她成为了一个成熟的商业人才。到富翁晚年时，他的很多意向都要征求西亚达的意见。

富翁临危之际，留下一份令人惊奇的遗嘱：

在我认识西亚达母女之前我就已经很有钱了。可当我站在贫病交加却拾巨款而不昧的母女面前时，我发现她们最富有，因为她们恪守着至高无上的人生准则，这正是我作为商人最缺少的。我的钱几乎都是尔虞我诈、明争暗斗得来的，是她们使我领悟到了人生最大的资本是品行。

我收养西亚达既不是出于知恩图报，也不是出于同情，而是请了一个做人的楷模。有她在我的身边，生意场上我会时刻铭记，哪些该做，哪些不该做，什么钱该赚，什么钱不该赚。这就是我后来的生意兴旺发达的根本原因，我成了亿万富翁。

我死后，我的亿万资产全部留给西亚达继承，这不是馈赠，而是为了我的事业能更加辉煌昌盛。

我深信，我聪明的儿子能够理解爸爸的良苦用心。

富翁在国外的儿子回来时，仔细看完父亲的遗嘱，立刻毫不犹豫地在财产继承协议书上签了字：我同意西亚达继承父亲的全部资产，只请求西亚达能做我的夫人。

西亚达看完富翁儿子的签字，略一沉吟，也提笔签了字：我接受先辈留下的全部财产——包括他的儿子。

·女孩应该懂得的道理·

林肯曾经说过:"品格如同树木,名声如同树荫。我们常常考虑的是树荫,却不知树木才是根本。"一个人优良的品德如同沙漠中的绿洲,在茫茫的黄沙中给人以慰藉和希望。人,从呱呱落地到撒手人寰,也不过就是说长不长说短不短的一段时日,一路走来,坚持着把一些真诚、一些关爱、一些牵挂、一些柔情,温暖而又坚定地镶嵌进自己的生命,能一路保持良好的品德,那就是真正的富翁了。

 知识点链接

**华盛顿**

美国首都华盛顿被美国人亲切地称为"国家的心脏",全称为"华盛顿哥伦比亚特区",是为了纪念开国元勋华盛顿和发现新大陆的哥伦布而命名的。华盛顿位于马里兰州和弗吉尼亚州的交界处,但在行政上由联邦政府直辖,不属于任何一个州。20世纪以来,华盛顿成为了美国的政治、文化、教育中心。

# 要冠军还是要诚实

在华盛顿举办的美国第四届全国拼字大赛中,南卡罗来纳州冠军——11岁的罗莎莉·艾略特一路过关斩将进入了决赛。当她被问到如何拼"招认"这个词时,她轻柔的南方口音使得评委们难以判断她说的第一个字母到底是A还是E。

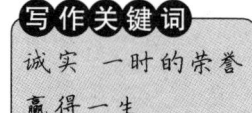

写作关键词
诚实 一时的荣誉
赢得一生

评委们商议了几分钟之后,将录音带倒带后重听,但是仍然无法确定她的发音是A还是E。

"解铃还得系铃人"。最后,主考官约翰·洛伊德决定,将问题交给唯一知道答案的人。他和蔼地问罗莎莉:"你的发音是A还是E?"

其实,罗莎莉从他人的低声议论中已经知道这个词的第一个字母应该是A,但她毫不迟疑地回答,她的发音错了,她念了E。

主考官约翰·洛伊德又和蔼地问罗莎莉:"你大概已经知道了正确的答案,完全可以获得冠军,为什么还承认错误的发音?"

罗莎莉认真地回答说:"我愿意做个诚实的孩子。"

当她从台上走下来时,几乎所有的观众都为她的诚实而热烈鼓掌。

第二天,有一篇名为《要冠军还是要诚实》的报道如此评论:罗莎莉虽没有赢得第四届全国拼字大赛的冠军,但她的诚实却感染了所有的观众,赢得了所有观众的心。

·女孩应该懂得的道理·

罗莎莉已经知道了正确的答案,却放弃了冠军,选择了诚实。因为她深深知道,冠军不过是一时的荣誉,而诚实会赢得自己的一生。

 知识点链接

**南卡罗来纳州**

南卡罗来纳州位于美国东部大西洋海岸,原是农业州,现已成为工业州,经济非常繁荣。有数字统计,该州的国内生产总值高于许多经济发达国家如新加坡、爱尔兰、南非,更是新西兰的两倍还多。

# 给予之后才会有回报

有一个人在沙漠里迷失了方向,饥渴难忍,濒临死亡。可他仍然拖着沉重的脚步,一步一步地向前走,终于找到了一间废弃的小屋。在屋前,他发现了一个汲水器,于是用力抽水,可一滴水也没有。他气恼至极。忽然,他发现旁边有一个水壶,壶口被木塞塞住,壶上有一个纸条,上面写着:"你要先把这壶水灌到汲水器中,然后才能打水。但是,在你走之前一定要把水壶

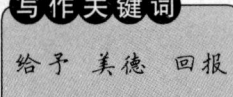

写作关键词

给予 美德 回报

装满水。"他小心翼翼地打开壶盖，里面果然有一壶水。

这个人面临着艰难的抉择：是不是该按纸条上所说的，把这壶水倒进汲水器里？如果倒进去之后汲水器汲不出水，岂不白白浪费了这救命之水？而把这壶水喝下去就会保住自己的生命。一种奇妙的灵感给了他力量，他决心按照纸条上说的做，果然汲水器中涌出了水。

他痛痛快快地喝了个够！休息了一会儿，他把水壶装满水，塞上壶盖，在纸条上加了几句话："请相信我，纸条上的话是真的，你只有把生死置之度外，才能尝到甘美的井水。"

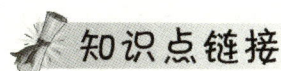

·女孩应该懂得的道理·

给予是一种美德，是一种境界。虽然并不是每一次的给予都会得到回报，但只有给予之后才会有回报，才能品尝到甘美的泉水。

## 知识点链接

### 沙漠迷途怎样求生

在一望无垠的黄色沙漠里旅行，常有迷途的可能。在这个"魔鬼地带"中如何求生？最好遵循如下求生措施：

1. 出发前一定要向亲人说明你的沙漠旅行计划，如行动路线、出发时间、同伴人数等。如有了这个线索，假若遇上不测，也便于让别人营救。

2. 在沙漠旅途中，应注意留下记号，这既可防止迷路，又便于营救人员寻找迷途的目标。

3. 在沙漠上行走时，由于受到下蒸上烤的两面夹击，所以使人体水分的消耗很大。如果在迷途时能使水分的消耗降到最低限度，那么生存下来的机会便随之增加。故"晓宿夜行"不失为一大秘诀，或者索性"安营扎寨"，用汽车、帐篷等做掩护体遮阴休息，等待援救。

4. 旅行者携带的食品和水总是有限的，万一断水断炊，就应积极寻找，切勿坐以待毙。沙漠上生长的仙人掌可以挤出一些水分，动物的血液和昆虫的汁液也可用来止渴。随身携带的各种器皿都可以利用起来收集清晨的露水。露水的数量尽管有限，但对求生者大有裨益。沙漠中的飞禽走兽、植物的根果均可用来充饥。

5. 一旦发现有飞机从空中掠过，可用反射镜借助阳光发出求救信号；晚上可用帐篷、衣物、木柴蘸上汽油燃烧，以引起营救者的注意，争取早日能获救。

# 诚实是人生的通行证

在美国南北战争期间，有位姑娘找到林肯，要求总统开一张去南方的通行证。

**写作关键词**
诚实　通行证　畅通无阻

林肯说："战争正在进行，你去南方干什么呢？"

姑娘说："去探亲。"

"那你一定是个北方派，你去劝说一下你的亲友们，让他们放下武器。"林肯高兴地说。

姑娘说："不！我是个南方派，我要去鼓励他们，要他们坚持到底。"

林肯很不高兴，说："你以为我能给你通行证吗？"

姑娘沉着地说："总统先生，我在学校读书时，老师就给我们讲'诚实的林肯'的故事，从此，我便下定决心要学习林肯，一辈子不说谎。我不能为了一张通行证而改变自己说话做事都要诚实的习惯。"

林肯被姑娘诚挚的话语打动了，他在一张卡片上写道："请让这位姑娘通行，因为她是一位信得过的姑娘。"

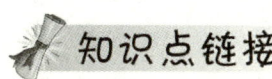
·女孩应该懂得的道理·

这是一个诚实赢得胜利的故事，每个读故事的人都不禁为姑娘的勇气和诚实所打动。有时候，诚实就是具有这样惊人的力量，它能为我们赢得他人的信赖与信服，从而让我们在生活中畅通无阻、一帆风顺。

## 知识点链接

### 林肯

林肯，美国第16任总统，也是历史上首位遇刺身亡的总统。林肯领导了美国南北战争，颁布了《解放黑人奴隶宣言》，维护了美联邦统一，为美国在19世纪跃居世界头号工业强国开辟了道路，使美国进入了经济发展的黄金时代。正因林肯为美国作出的卓越贡献，他与乔治·华盛顿、富兰克林·罗斯福一起被公认为美国历史上最伟大的3位总统。英国《泰晤士报》曾组织了8位英国和国际顶尖的政治评论员组成的一个专家委员会对43位美国总统分别以不同的标准进行了排名，在最伟大总统排名中林肯名列第一。

## 女孩品质手册——女孩应该具备的那些品质

勤勉：不要荒废时间，时间一去不返，时时做有益的事，预知无谓的事不要做。

诚实：随时可以以心亮人，明知伤人心的事不做。

公正：做事不可伤及他人，与人为善乃义务也。

平和：避免极端，不动怒，追求宁静。

清洁：身体、衣物和居所都应保持清洁。

镇定：不为琐事或突如其来的事件所惊扰。

谦虚：每一个人都有值得我们学习的地方。

善良：一颗善良的心，是美丽的核。

节制：食不过饱，睡不过钟。

少言：言必有利，言不重复，言之重点，言之有理，远离闲言碎语。

有序：东西该放哪儿就放哪儿，事情该何时做就何时做。

决心：不做则已，一做必成。

自信：没有任何华丽的衣装比得上自信的笑容更能打动人。

知性：没有头脑，任物质和外表怎样完美也是空洞。

独立：有自我发展的能力与意识，有承受孤独的能力。

勇敢：有一颗无所畏惧的心，并具有智慧。

热情：对生活有热忱的人是魅力四射的人。

温柔：这是上天赋予女孩最美好的禀赋之一。

宽容：理解生活、世界和自己。

平衡：学会平衡自己的心灵。

负责：工作生活中勇于承担分内的事情。

# 第四章

## 高情商，让女孩更受大家欢迎

情商又称"情绪智力"，主要是指人在情绪、情感、意志、耐受挫折等方面的品质。

心理学家们普遍认为，情商水平的高低对一个人能否取得成功有着重要的影响，有时其作用甚至要超过智力水平。前微软全球副总裁李开复就曾说："在任何领域里，情商的重要性都是智商的两倍，在成功的层面上，情商比智商重要9倍。"

● 懂得付出，为将来储蓄人脉。

**解说语：**我们不是提倡为了将来的某些利益而去讨好某个人，只是想说明人际交往的一个最基本原则：有付出才会有收获。付出是可以储蓄的，你真诚地帮助过他人，你付出的真情会不断在他人心中沉淀，有一天当你需要帮助时，他人会加倍地回报你。

◉ 希望别人怎样待你，你就怎样待别人。

解说语：与他人相处就犹如照镜子：你微笑，别人也会对你微笑；你横眉冷对，别人也会对你横眉冷对；你不真诚，别人也不会对你真诚……

◉ 懂得分享，才会收获更多。

解说语：假如你有5个苹果，把其中4个分给了别人，表面上你失去了4个苹果，但实际上你却得到了其他4个人的友情和好感，以后还可能得到更多。任何事情都是同样的道理，先分给他人，自己才能收获更多。

做个有完美性格的女孩

## 01 帮助别人就是帮助自己

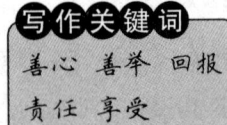

写作关键词
善心 善举 回报
责任 享受

100多年前一个风雨交加的夜晚，一对老年夫妻迈进一家旅馆的大门，想投宿一个晚上。夜班服务员有些不好意思地对他们说："非常抱歉，今天的房间已经全部订满。"看着老人家一副非常失望的神情，服务员迟疑了一下又说："如果不嫌弃的话，你们可以住在我的房间。它虽不是豪华的客房，但很干净。我值夜班，可以在这里休息。"

老年夫妇看了房间后喜出望外，决定在这里过夜。翌日，老先生前去结账辞行时，这位服务员和颜地对他说："先生，昨天你们住的房间不是饭店的客房，我们不能收您的钱。希望您与夫人昨晚睡得香。"

老先生感谢之余连连点头称赞道："你真是每个旅馆老板梦寐以求的员工，或许我们今后还有见面的机会。"

若干年后，这名服务生收到了一封挂号信，信中叙说了那个风雨夜晚所发生的事，另外还附了一封邀请函和一张往返纽约的机票，邀请他到纽约访问。在曼哈顿，服务生见到了这位当年投宿的旅客。老先生指着一栋华丽高贵的新大楼说："这是我盖的旅馆，希望你来为我经营。我叫威廉·华尔道夫·阿斯特。你正是我梦寐以求的员工。"

这家旅馆就是纽约最知名的华尔道夫饭店，该饭店在1961年启用，是纽约极致尊荣的地位象征，也是各国高层造访纽约时下榻的首选。

当时接下这份工作的服务生就是乔治·波特，一个奠定华尔道夫世纪地位的推手。

·女孩应该懂得的道理·

这个故事看起来似乎很偶然,但实际上偶然中蕴含着必然。一个有着善心和善举的人,是应该得到回报的。这种回报与其说是上帝的赐予,倒不如说是乔治·波特当初种下了善因。帮助别人就是帮助你自己,正如戴尔·卡耐基所说:"对别人好不是一种责任,而是一种享受,因为它可以增进你的健康和快乐。你对别人好的时候,也就是对自己最好的时候。"

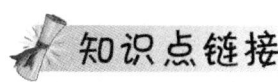 知识点链接

### 华尔道夫饭店

华尔道夫饭店现为希尔顿酒店集团旗下品牌,位于美国纽约曼哈顿派克大道49~50街,堪称世界上最豪华、最著名的五星级酒店之一。华尔道夫饭店的创建人是威廉·华尔道夫·阿斯特,是19世纪80年代美国最有钱人约翰·阿斯特的独生子。约翰·阿斯特活着的时候立下遗嘱,将所有的财富留给唯一的儿子,并嘱咐他建一座"为富人服务"的饭店。威廉·华尔道夫·阿斯特如父所愿,在纽约曼哈顿建起了当时世界上最大的酒店。

华尔道夫饭店见证了美国及世界历史上许多重要事件。例如,19世纪末,时任中国清政府直隶总督兼北洋大臣的李鸿章乘船考察欧美各国时,在纽约,他下榻的饭店便是华尔道夫,成为历史上下榻该饭店的第一位华人政要。1946年二战结束后,美、英、法、苏4个战胜国代表在其塔楼的一个套间里签订了《世界和平协议》;盟军代表曾在该酒店签署了有关战后的协议。而二战期间盟军统帅、后来成为美国总统的艾森豪威尔也常光顾该酒店,他去世后其夫人选择在此永久居住。此外,第31任美国总统胡佛也在该酒店确立了永久住所。

做个有完美性格的女孩

## 你愿别人怎样待你，你就要怎样待人

**写作关键词**
行为效应 回力棒 礼遇 回报 刻薄 响应

在一个村庄里，一位年轻的村妇和她的婆婆关系非常不好。她觉得婆婆一天到晚数落她的不是，和她作对，处处为难她。她心里总是想着如何对付她的婆婆。

一天，她来到一家医院，向医生咨询有什么秘方可以让婆婆变成哑巴，因为她受不了婆婆的唠叨。医生给她开了一剂叫"酸泥丸"的药，嘱咐她每天吃饭之前给婆婆一颗，但给之前要故意装作很孝顺的样子伺候婆婆，让对方不起疑心。医生向她保证，3个月后婆婆就会有所变化，然后再加重药的剂量，等到100日，必有效果。

她听了高高兴兴地拿着医生开的药回去了。3个月后，她再次来到医院，告诉医生她改变主意了，并哭着求医生救救婆婆。问及原因，她说自从尽心伺候婆婆吃了药之后，婆婆突然改变了对她的态度，待她比亲闺女还亲。

医生听完她的话笑了笑，对她说："我知道你会来的。你放心好了，你的婆婆不会哑的，'酸泥丸'其实是一道可口的点心。因为你经常面带笑容给婆婆吃'酸泥丸'，婆婆感觉到了你对她的孝顺，从而改变了对你的态度，并开始善待你。要知道，你要人家怎样待你，首先应该学会怎样待人家。"

·女孩应该懂得的道理·

"你愿别人怎样待你,你就要怎样待人",这是一条出自《圣经》的为人处世的黄金法则。我们的行为效应就像回力棒一样,抛出去了一定还会再回来。你给予对方贵人般的礼遇,必然会得到相同的回报;如果你待人刻薄,别人也会这样响应你。

 知识点链接

### 《圣经》

　　《圣经》包括《旧约圣经》和《新约圣经》两部分。全书共66卷,由40多位作者各自独立写成,创作时间近1000年。这40多位执笔者所处的时代不同,从事的职业与所居的地位不同,拥有的学识与见解也不同。他们之中有君王、重臣、军事领袖、祭司、律法家、哲人、先知、医生、税吏、渔夫、牧羊人……书稿有的撰写于太平盛世,有的辍笔于烽火战地,还有的则完成于牢狱之中或流放的荒岛上……这些著作者们没有人知道自己的所作日后会被汇编。然而,当后人把这66卷作品汇集成一册时,却发现这些在时间上跨越近千年的作品,不可思议地呈现出信息贯通、首尾呼应、和谐一致、浑然一体的风貌!仿佛有一只无形的手,穿过千年的时光,操纵着每位作者手中的笔,使每个个体的作品都超越了个体在时间与空间上的局限,成为《圣经》这一伟大巨著中浑然天成的一部分。

　　今天,全世界有10亿以上的人把《圣经》当做自己的精神食粮,可见《圣经》在世界上的流传之广。

做个有完美性格的女孩

## 03 有理不在声高

在一家餐厅里，一位顾客高声喊着："小姐！你过来！你过来！"他指着面前的杯子，满脸冰霜地说："看看！你们的牛奶是坏的，把我的一杯红茶都糟蹋了！"

写作关键词
无知 以柔克刚 以牙还牙
以眼还眼

"真对不起！"服务小姐赔礼笑道，"我立刻给您换一杯。"

新红茶很快就准备好了，碟边跟前一杯一样，放着新鲜的柠檬和牛乳。小姐轻轻放在顾客面前，又轻声地说："我有一个建议，如果放柠檬，就不要加牛奶，因为有时候柠檬酸会造成牛奶结块。"顾客的脸一下子红了，匆匆喝完茶，就走了。

有人笑问服务小姐："明明是他没理，你为什么不直说呢？他那么粗鲁地叫你，你为什么不还以一点颜色？"

服务小姐说："正因为他粗鲁，所以我要用婉转的方法对待；正因为道理一说就明白，所以用不着大声！理不直的人，常用'气壮'来压人；理直的人，要用'气和'来交朋友！"

客人们都佩服地点头笑了，对这家餐厅也增加了许多好感。

· 女孩应该懂得的道理 ·

常言道："有理不在声高。"对于别人的无知、粗鲁，以柔克刚要好过于以牙还牙、以眼还眼。

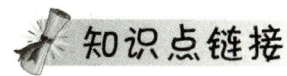知识点链接

**牛奶红茶的制作方法**

【材料】牛奶、红茶、方糖各适量

【做法】

（1）先将适量红茶放入茶壶中，茶叶用量应比清饮时稍多些。

（2）注入沸水，加盖闷5分钟，倒出茶汁放入杯中，约6分满。

（3）在杯中加入适量牛奶和方糖，牛奶用量以调制成的红茶呈橘色、黄红色为度。方糖的用量因人而异，以适口为宜。

【特点】奶香宜口，茶香浓郁。

【功效】养胃，美白。

## 与人互帮才能得到更好的发展

在美丽平和的江边，住着一条鳄鱼。鳄鱼因为有一张硕大的嘴，嘴里有一口锋利的牙齿，加上坑坑洼洼的身体，所以很招别的动物的讨厌。

写作关键词
互相帮助 更好的发展

"唉呀，长得真恐怖啊。快走开！不和你这个丑八怪一起玩！"

每每听到这样的话，鳄鱼就会非常伤心。其实鳄鱼虽然外表很丑，内心却非常善良，且喜欢交朋友。

有一天鳄鱼吃完午饭，心情很不爽。因为中午吃肉时有一块肉塞到牙缝里去了，很是难受。

鳄鱼使劲地伸长胳膊，想用手抠出牙缝里的碎肉，但无奈手太短，怎么也够不到牙缝。

鳄鱼找隔壁的河马帮忙。

"河马，能帮我把牙缝里的碎肉抠出来吗？"

河马却冷冷地说："对不起，我的手太厚了，抠不了。"

正在这时，飞来一只小巧玲珑的鳄鱼鸟，它对鳄鱼说：

"不用担心！我帮你抠。"

鳄鱼张开了大嘴。鳄鱼鸟飞进鳄鱼嘴里，一点点地把鳄鱼牙缝里的碎肉抠得干干净净。"啊，真爽啊！太爽啦！这种感觉就像飞起来一样啊。可是怎么回报你呢？"

鳄鱼鸟说道：

"您已经报答过我了。我本来肚子饿得很，托您的福，午饭吃得不错。"

从此鳄鱼和鳄鱼鸟成了一对形影不离的好朋友。

## ·女孩应该懂得的道理·

鳄鱼和鳄鱼鸟互相帮助，共同生活。鳄鱼牙缝里的碎肉可以被抠掉，鳄鱼鸟也不用到处找食了，双方各得其乐。动物如此，作为人类就更有互帮的必要了，因为人不是万能的，不可能所有的事都能独揽其身，只有人与人之间互相帮助，才能都得到更好的发展。

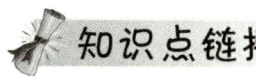知识点链接

**鳄鱼鸟**

鳄鱼鸟的真名叫燕千鸟,因和鳄鱼有亲密的朋友关系,又被称为"鳄鱼鸟"。鳄鱼生性凶残,为什么却能和小小的鳄鱼鸟交上朋友呢?这是因为:第一,鳄鱼鸟充当了鳄鱼的"牙签",每当鳄鱼饱餐一顿后,鳄鱼鸟就会飞到鳄鱼的口腔里,去啄食它牙缝中的残食冷饭,这样间接为鳄鱼打扫了口腔,帮助鳄鱼防止了很多口腔疾病,所以鳄鱼鸟还叫"牙签鸟";第二,鳄鱼鸟是一种非常机敏的鸟类,它在啄食牙缝中的残食时,格外警惕周围的一切,充当着鳄鱼的义务警卫员,一旦发现敌情,便惊叫几声向鳄鱼报警,鳄鱼得到报警信号后,便潜入水底避难。

# 己所不欲,勿施于人

在非洲的某个国家内,白人政府实施"种族隔离"政策,不允许黑皮肤人进入白人专用的公共场所。白人也不喜欢与黑人来往,认为他们是低贱的种族,避之唯恐不及。

写作关键词
设身处地 歧视
己所不欲 勿施于人

有一天,有个长发的白人小姐在沙滩上晒日光浴,由于过度疲劳,她睡着了。当她醒来时,太阳已经下山了。

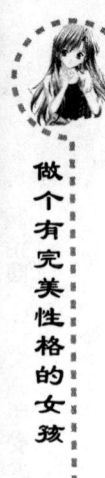

此时,她觉得肚子饿,便走进沙滩附近的一家餐馆。

她推门而入,选了张靠窗的椅子坐下。她坐了约15分钟,都没有侍者前来招待她。她看着那些招待员都忙着侍候比她来得还迟的顾客,对她则不屑一顾。她顿时怒气满腔,想走上前去责问那些招待员。

当她站起身来,正想向前时,眼前有一面大镜子。她看着镜中的自己,眼泪不由得夺眶而出。

原来,她已被太阳晒黑了。

此时,她才真正体会到黑人被白人歧视的滋味!

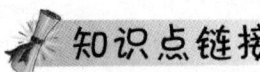

试想:若你也遭受这种待遇,滋味又会是如何呢?无论做什么事情,我们都要学会换位思考,设身处地为他人着想,千万不可只顾自己的想法率性而为,不顾别人的感受。正如孔子所言:"己所不欲,勿施予人。"

## 知识点链接

### 种族隔离

种族隔离,指在日常生活中,按照不同种族将人群分割开来,使得各种族不能同时使用公共空间或者服务。比如在美国就曾有过这样的规定:黑人与白人不能同坐一个车厢,连餐车、厕所、售票口、候车室、行李室、出入口都实行种族隔离,飞机虽然例外,但在机场上也有种族隔离。在美国的许多州,黑人还不能和白人一块读书、同桌吃饭。

历史上最严重的种族隔离发生在南非和美国。另外,澳大利亚、罗得西亚、德国、印尼等国家也均发生过种族隔离行为,现在均有改观。

# 付出也是一种储蓄

一个阴云密布的午后，由于突然而来的大雨，让行人们纷纷躲进就近的店铺躲雨。一位老妇也蹒跚地走进费城百货商店躲避。面对她略显狼狈的姿容和简朴的装束，售货员们都对她爱搭不理，视而不见。这时，一个年轻人诚恳地走过来对她说："夫人，我能为您做点什么吗?"老妇人莞尔一笑："不用了，我在这儿躲会儿雨，马上就走。"老妇人随即又心神不定了，不买人家的东西，却借用人家的屋檐躲雨，似乎不近情理，于是，她开始在百货店里转起来，哪怕买个头发上的小饰物呢，也使自己的躲雨名正言顺。

正当她犹豫徘徊时，那个小伙子又走过来说："夫人，您不必为难，我给您搬了一把椅子，放在门口，您坐着休息就是了。"两个小时后，雨过天晴，老妇人向那个年轻人道谢，并向他要了张名片，就颤巍巍地走出了商店。

几个月后，费城百货公司的总经理詹姆斯收到一封信，信中要求将这位年轻人派往苏格兰收取装潢一整座城堡的订单，并让他承包自己家族所属的几个大公司下一季度办公用品的采购订单。詹姆斯惊喜不已，匆匆一算，这一封信所带来的利益，相当于他们公司两年的利润总和!

当他迅速与写信人取得联系后，方才知道，这封信出自一位老

做个有完美性格的女孩

妇人之手,而这位老妇人正是美国亿万富翁"钢铁大王"卡内基的母亲。詹姆斯马上把这位年轻人推荐给了公司董事会。

当这位年轻人打起行装飞往苏格兰时,他已经成为这家百货公司的合伙人了。

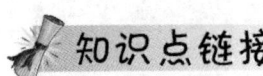

为什么这位年轻人比别人获得了更多的发展机会?只因为他比别人多付出了一点。有时,付出并不是失去,而是一种更有价值的积累。

## 知识点链接

### 安德鲁·卡内基

安德鲁·卡内基,美国钢铁大王,与"汽车大王"福特、"石油大王"洛克菲勒等大财阀的名字列在一起,并与洛克菲勒、摩根并立,是当时美国经济界的三大巨头之一。卡内基早年是一个贫穷的苏格兰移民,出身于匹兹堡的贫民窟,通过白手起家建立了大型钢铁联合企业,且数十年保持世界最大钢铁厂的地位,几乎垄断了美国钢铁市场。卡内基生前曾说过一句话:"一个人如果到死还是很有钱,那就是一件可耻的事情。"后来他切实践行了他说过的话,在他功成名就之后,将几乎全部的财富捐献给了社会。纽约著名的卡内基音乐厅是他捐资修建的,匹兹堡的卡内基大学是他建立的,还有遍布在世界各地的"卡内基图书馆"。他生前捐赠款额之巨大,足以与死后设立诺贝尔奖金的瑞典科学家、实业家诺贝尔相媲美,由此成为美国人心目中的英雄和个人奋斗的楷模。

# 尊重别人才会赢得别人的尊重

在一架由纽约起飞的班机上,一名中年白人妇女被安排坐在一名黑人旁边。她对身边的黑人怒目而视,黑人则用微笑回应了她的不友善。于是白人妇女气势汹汹地把空乘员叫来。

"请问有什么问题吗?"

"你们把我安排坐在这里,我受不了坐在这种令人倒霉的人旁边,再给我找个位置!"

几分钟后,空乘员回来了。

她说:"女士,很抱歉,经济舱已经客满了,不过在头等舱还有一个空位。"不等白人女士说话,空乘员接着说:"在这种情况下将乘客提升到头等舱,的确是我们从未遇到的情况,但是我已经获得了机长的特别许可。"空乘员继续说道,"机长考虑到这个特殊的情况,他认为要一名乘客和这么令人讨厌的人同坐,真是太不合情理了。"空乘员转向那名黑人,"因此,如果您不介意的话,我们已经准备好头等舱的位子了,请您移驾过去。"

周围的乘客这时都报以热烈的鼓掌,那名黑人在一片掌声中挥着手走向了头等舱。

·女孩应该懂得的道理·

要想赢得他人的尊重,首先应该尊重他人。为人傲慢,轻视他人,最终的结果就必然是被众人所轻视和不尊重。

知识点链接

### 纽约

纽约位于美国东海岸北部,纽约州东南部,被誉为"世界之都""站着的城市""不夜城",是美国最大的城市及最大的商港,与英国伦敦、日本东京、法国巴黎并称为"世界四大国际大都会"。

纽约的历史比较短,只有300多年。最早的居民点在曼哈顿岛的南端,原是印第安人的住地。1626年,荷兰人以价值大约60个荷兰盾(相当于24美元)的小物件从印第安人手中买下曼哈顿岛辟为贸易站,称之为"新阿姆斯特丹"。英荷战争结束后,荷兰战败被迫将新阿姆斯特丹割让给英国,当时正好是英王查理二世的弟弟约克公爵的生日,于是查理二世将新阿姆斯特丹改名为纽约(即新约克,英国有约克郡),作为送给约克公爵的礼物。另外由于在20世纪初,纽约对外来移民来说是个崭新天地,机会到处都是,因此纽约常被昵称为"大苹果",便是取"好看,好吃,人人都想咬一口"之意。

# 懂得分享，才会得到快乐

一个精明的荷兰花草商人，千里迢迢从遥远的非洲引进了一种名贵的花卉，培育在自己的花圃里，准备到时候卖上个好价钱。对这种名贵的花卉，商人爱护备至，许多亲朋好友向他索要，一向慷慨大方的他却连一粒种子也不给。他计划繁育3年，等拥有上万株后再开始出售和馈赠。

写作关键词

分享 快乐 痛苦 惩罚

第一年的春天，他的花开了，花圃里万紫千红，那种名贵的花开得尤其漂亮，就像一缕缕明媚的阳光。

第二年的春天，他的这种名贵的花已繁育出了五六千株，但他发现，今年的花没有去年开得好，花朵略小不说，还有一点点的杂色。

到了第三年的春天，他的名贵的花已经繁育出了上万株。但令这位商人沮丧的是，那些名贵的花的花朵已经变得更小，花色也差多了，完全没有了它在非洲时的那种雍容和高贵。当然，他也没能靠这些花赚上一大笔。

难道这些花退化了吗？可非洲人年年种养这种花，大面积、年复一年地种植，并没有见过这种花会退化呀。商人百思不得其解，便去请教一位植物学家。植物学家拄着拐杖来到他的花圃看了看，

问他:"你这花圃隔壁是什么?"

他说:"隔壁是别人的花圃。"

植物学家又问他:"他们种植的也是这种花吗?"

他摇摇头说:"这种花在全荷兰,甚至整个欧洲也只有我一个人有,他们的花圃里都是些郁金香、玫瑰、金盏菊之类的普通花卉。"

植物学家沉吟了半天说:"我知道你这名贵之花不再名贵的致命秘密了。"植物学家接着说,"尽管你的花圃里种满了这种名贵之花,但和你的花圃毗邻的花圃却种植着其他花卉,你的这种名贵之花通过风被授了粉后,又染上了毗邻花圃里的其他品种的花粉,所以你的名贵之花一年不如一年,越来越不雍容华贵了。"

商人问植物学家该怎么办,植物学家说:"谁能阻挡住风传授花粉呢?要想使你的名贵之花不失本色,只有一种办法,那就是让你邻居的花圃里也都种上你的这种花。"

于是,商人把自己的花种分给了自己的邻居。

次年春天花开的时候,商人和邻居的花圃几乎成了这种名贵之花的海洋——花朵又肥又大,花色典雅,朵朵流光溢彩、雍容华贵。这些花一上市,便被抢购一空,商人和他的邻居都发了大财。

·女孩应该懂得的道理·

英国哲学家培根说过:"如果你把快乐告诉一个朋友,你将得到两个快乐,而如果你把忧愁向一个朋友倾诉,你将被分掉一半忧愁。"的确,没有分享的人生,无论面对的是快乐还是痛苦,都是一种惩罚。

知识点链接

**郁金香花语**

黄色郁金香：高雅、珍贵、财富、爱惜、友谊

粉色郁金香：美人、热爱、爱惜、友谊、幸福

红色郁金香：爱的告白、爱的宣言、喜悦、热爱

紫色郁金香：高贵的爱、无尽的爱

黑色郁金香：神秘、高贵

高原郁金香：自豪、挺立、创造的美、美的创造

双色郁金香：美丽的你、喜相逢

羽毛郁金香：情意绵绵

野生郁金香：贞操

## 09

# 给予的艺术

某个墓地的守墓人每个星期总会准时收到一封来信和 50 元买鲜花的钱，信里署名为"可怜的老太"的人，托他每星期给她相依为命却睡到墓地里的儿子哈里献上一束鲜花。老实的守墓人每次收到信与钱，总会买束鲜花送到哈里墓前。

写作关键词

给予　拥有　换取

一天，"可怜的老太"终于露面了，她坐着小车来到墓地，却没

下车,派开车的司机来请守墓人说:"那位托你每星期给她儿子送花的妇人,请你到她那儿说几句话,因为她的腿瘫痪了,行走不便。"

守墓人跟着司机来到那位"可怜的老太"面前,这是一位上了年纪身体极差的老妇人,高贵的面部表情掩饰不了她对生活的绝望和病痛留下的印记。

"我是那位寄信的老太,"她断断续续地说,"这几年麻烦你了。"

"我每星期都按时送花。"守墓人说。

"谢谢你。"她接着说,"医生说我将不久于人世,死了倒也好,我活在世上对这个世界来说已无一点意义。只是,我惦记着将没人再给我儿子送花了。"

守墓人忽然问道:"夫人,你去过孤儿院吗?那里的孩子都没有父母。"

"孤儿院?"

"夫人,恕我冒昧,"守墓人说,"在我这儿睡着的人,有哪个是活着的?与其把鲜花大把大把送给那些死去并不能体味生者痛苦与快乐的人,不如把买花的钱留给那些活着的人。"

"可怜的老太"听了守墓人的话,半天不言语,叫司机开车走了。

守墓人心想:自己的话对一个孤寡老人可能说过头了。

没想到过了几个月,那辆小车又载着"可怜的老太"来到墓地,这次开车的不是那个司机,而是"可怜的老太"自己。她兴高采烈地跳下车,神采奕奕地对守墓人说:"嘿,你的建议创造了奇迹。我把钱全部捐给了孤儿院,那些孤儿的快乐深深感动了我,让我觉得我还有些用处。更想不到这种帮助他人得到的好处,竟奇迹般治好了我的腿。"

·女孩应该懂得的道理·

新东方学校创始人俞敏洪曾在很多演讲场合讲过给予的艺术:当你有6个苹果的时候,千万不要把它们都吃掉,因为你把6个苹果全部吃掉,你也只吃到了6个苹果,只吃到了一种味道,那就是苹果的味道。如果你把6个苹果中的5个拿出来与人分享,尽管你表面上只吃到了一个苹果,但实际上你却得到了其他5个人的友情和好感,以后你还可能得到更多。当别人有了别的水果的时候,也一定会和你分享,你会从这个人手里得到一个橘子,从那个人手里得到一个梨,最后你可能得到了6种不同的水果。只有你舍得了5个苹果,才能品尝到6种不同的水果和得到5个人的友谊,这就是给予的艺术。

人一定要学会这种思维方法,用你拥有的,去换取对你更加重要的东西。

 **知识点链接**

### 俞敏洪

20世纪60年代出生的俞敏洪历经3次高考终于考入北京大学,毕业后留校任教。90年代初期,俞敏洪从北大辞职,进入民办教育领域,开始了新东方的创业过程。俞敏洪获得了巨大的成功,历经将近20年的发展,新东方成为了中国最大的私立教育机构。截至2001年上半年,新东方已在全国设立了48所短期语言培训学校、6家产业机构、3所基础教育学校、1所高考复读学校、两所幼儿园、47家书店,累计培训学员1200余万人。

俞敏洪热爱讲台,近年来,他及其领衔的新东方创业团队已在全国多所高校举行过上百场免费励志演讲,被誉为当下中国青年大学生和创业者的"心灵导师""精神领袖"。

除了站在讲台上,俞敏洪还著书立说。他出版的著作有《生而为赢》《GRE词汇精选》《永不言败》《生命如一泓清水》《挺立在孤独、失败与屈辱的废墟上》《从容一生》等。

### 女孩情商手册——情商的级别

1. 高情商。

尊重所有人的人权和人格尊严；不将自己的价值观强加于人；对自己有清醒的认识，能承受压力；自信而不自满；人际关系良好；善于处理生活中遇到的各方面的问题。

2. 较高情商。

是负责任的"好"公民；自尊；有独立的人格，但在一些情况下易受到别人焦虑情绪的感染；比较自信而不自满；有较好的人际关系；能应对大多数的问题。

3. 较低情商。

易受他人影响，自己的目标不明确；比低情商者善于原谅，能控制大脑；能应付较轻的焦虑情绪；把自尊建立在他人认同的基础上；缺乏坚定的自我意识；人际关系较差。

4. 低情商。

自我意识差；无确定的目标，也不打算付诸实践；严重依赖他人；应对焦虑能力差；生活无序；无责任感，爱抱怨；处理人际关系能力差。

# 第五章

## 乐观开朗,让女孩一生幸福

幸福,源自乐观开朗的心态。一个乐观开朗的女孩,脸上时刻挂着微笑,在她的眼里,永远只有"快乐"两个字;而一个悲观沮丧的女孩,脸上总是写着"烦恼"两个字,在她眼里,天空永远都是灰色的。

悲观的人想获得幸福,幸福却离她很远;乐观的人什么都不想,幸福却不请自来……

● 相信"一切都会好起来",任何时候都能看到事情积极的一面。

**解说语**:哲学家告诉我们,任何事情都有正反两个方面。同一件事,从正反不同的两方面去看待,结果也会大不相同。习惯盯着事情消极面看的人永远也感受不到世界的美好,而积极的思维则能帮助你轻松地渡过难关。

● 别说"烦死了,烦死了",因为往往是庸人自扰。

**解说语**:周末的时候,将你认为接下来一周有可能会发生的烦恼写下来,放进烦恼箱里,在下个周末到来之前,打开烦恼箱,看你预测的烦恼发生了多少……那时,你将会惊奇地发现,原来烦恼都没有发生,我们只是庸人自扰。

● 从不抱怨，积极寻找解决问题的办法。

解说语：抱怨的作用是什么？第一，浪费时间；第二，使心情越来越糟糕；第三，使事情越来越糟糕……所以，与其抱怨，不如积极去寻找解决问题的方法。

● 关注自己所拥有的，不苛求自己所没有的。

解说语：世界上没有完美无缺的人，任何事情也不可能十完十美。关注自己所拥有的，我们才会快乐；努力去争取但不苛求自己所没有的，我们才会幸福。知足才会常乐！

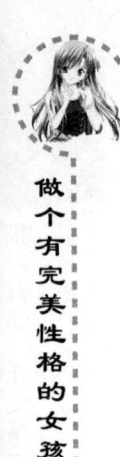

做个有完美性格的女孩

## 01 心态决定姿态

写作关键词

消极 厌倦 积极 抱怨

一个女孩毕业于一所名牌大学的英语系，她是满怀着做一名翻译的梦想走向社会的。可是事与愿违，她的工作岗位是商场的理货员，在经历了希望的破灭与生活的平淡之后，她一直沉浸在调整工作的期待中，她把自己的知识与才能全留在了梦想的岗位上，觉得那才是她实现价值的地方。调来调去，她始终没当上她心仪的翻译，她的心态慢慢地消极起来，觉得命运对她不公，对工作产生了厌倦情绪，而她的英语也荒疏了很多。

无独有偶，另一个女孩，经历与她非常相似，可与前者不同的是，这个女孩一直保持着积极的心态。她脚踏实地地立足于自己的岗位，把用来抱怨的时间用在钻研业务上，自费订阅了多种英文刊物，翻译了很多关于国外企业管理的文章。在这期间，无论做一名普通文员，还是一名英语教师，她都做得很出色。一个偶然的机会，单位里来了外宾，情急之下想到了她，把她调出来做翻译，结果，她流利、准确的翻译令大家大吃一惊，她也从此脱颖而出。

·女孩应该懂得的道理·

人们常说，性格决定命运，心态决定姿态，这话不无道理。在上面两个例子的对比中，后者的心态积极，她一直用向上的、乐观的心态对待自己的岗位,而这种内在的品质又令她在每个岗位上都散发着光彩,使她在不同岗位上体现自己价值的同时一步一步实现着自己的梦想。而前者呢,心态消极,对工作满腔抱怨、漫不经心,而因心态的消极、行动的被动,离自己的梦想越来越远。

千万要记住,决定一个人命运的并不只是环境、资源、机遇等外界因素,关键在于一个人持有什么样的心态。

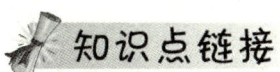 知识点链接

**世界十大名校排行榜**

1. 美国哈佛大学,创建于1636年
2. 美国斯坦福大学,创建于1885年
3. 美国耶鲁大学,创建于1701年
4. 美国加州理工学院,创建于1891年
5. 美国加州大学伯克利分校,创建于1868年
6. 英国剑桥大学,创建于1209年
7. 美国麻省理工学院,创建于1861年
8. 英国牛津大学,创建于1167年
9. 美国加州大学旧金山分校,创建于1876年
10. 美国哥伦比亚大学,创建于1754年

做个有完美性格的女孩

## 02 放对了地方，缺陷也会变成优势

从前在夏威夷有一对双胞胎王子，有一天国王想为儿子娶媳妇了，便问大王子喜欢什么样的女性。王子回答："我喜欢瘦的女孩子。"而知道了这个消息的年轻女性想：如果顺利，我或许能攀上枝头做凤凰。于是大家争先恐后地开始减肥。

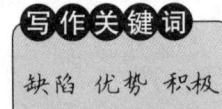

写作关键词
缺陷　优势　积极

不知不觉，岛上几乎没有胖的女性了。不仅如此，因为女孩子一碰面就竞相比较谁更苗条，甚至出现了饿死的情况。

但后来事情的变化急转直下，大王子因为生病一下子就过世了，因此仓促决定由弟弟来继承王位。于是国王想为小王子娶媳妇，便问他同样的问题。"比起这样的女孩子，我比较喜欢丰满的女性。"小王子说。

而知道消息的岛上年轻女性，又开始大吃大喝以求增肥，不知不觉间，岛上几乎没有瘦的女性了。岛上的食物被吃得乱七八糟，为预防饥荒而储存的粮食也几乎被吃光了。而最后王子所选的新娘，却是一位不胖不瘦的女性。王子的理由是："不瘦不胖的女性，不必担心她会饿死，永远都能保持健康。"

---------- **女孩应该懂得的道理** ----------

你的缺陷很可能也是你的优势，不要一味地掩饰自己的缺陷，也不要努力改变去迎合世俗。积极面对你的缺陷，放对了地方，缺陷也会变成优势。

 知识点链接

**夏威夷**

夏威夷是美国的第50个州,整个州由124个小岛和8个大岛组成,像个新月形岛链,弯弯地镶嵌在太平洋中部水域,有"太平洋十字路口"和"美国通往亚太的门户"之称。夏威夷与美国其他各州有着明显的区别:它除了是美国最南方的州之外,也是美国唯一一个全部位于热带的州。夏威夷是世界上旅游工业最发达的地方之一,旅游收入占当地总产值的60%,不过吸引观光游客的,并非名胜古迹,而是它得天独厚的美丽环境。夏威夷全年风和日丽,水蓝天青,海滩迷人,著名作家马克·吐温曾给予它这样的评价:"大洋中最美的岛屿""停泊在海洋中最可爱的岛屿舰队"。

# 凡事都看到积极的一面,就不会有烦恼的产生

"假如你一个朋友也没有,你还会高兴么?"有人问乐观者。

"当然,我会高兴地想,幸亏我没有的是朋友,而不是我自己。"乐观者回答。

写作关键词

乐观 积极 烦恼

"假如你正行走间,突然掉进的是一个泥坑,出来后你成了一个脏兮兮的泥人,你还会快乐么?"这人又问。

"当然,我会高兴地想,幸亏我掉进的是一个泥坑,而不是无底洞。"乐观者回答。

"假如你被人莫名其妙地打了一顿,你还会高兴么?"

"当然,我会高兴地想,幸亏我只是被打了一顿,而没有被他们杀害。"乐观者回答。

"假如你正在打瞌睡时,忽然来了一个人,在你面前用极难听的嗓门唱歌,你还会高兴么?"这人再问。

"当然,我会高兴地想,幸亏在这里嚎叫着的,是一个人,而不是一匹狼。"乐观者回答。

"假如你马上就要失去生命,你还会高兴么?"这人最后问。

"当然,我会高兴地想,我终于高高兴兴地走完了人生之路,请让我随着死神,高高兴兴地去参加另一个宴会吧。"乐观者还是乐观地回答。

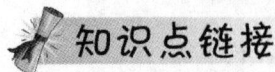

·女孩应该懂得的道理·

任何事物都有其两面性,如果我们在任何时刻都能看到事物积极的一面,哪里会有烦恼呢?

### 知识点链接

#### 无底洞

无底洞是一种自然景观,地球上确实有"无底洞"。其中一个位于希腊亚各斯古城的海滨。由于濒临大海,在涨潮时,汹涌的海水便会排山倒海般地涌入洞中,形成一股湍湍的激流。据测,每天流入洞内的海水量达3000多吨,奇怪的是,如此大量的海水灌入洞中，却从来没有把洞灌满。还有一个在印度洋北部海域，有一个半径为 3 海里的无底洞。我国四川省兴文县的石海洞乡，也有一个无底洞，它的长径为 650 米，短径为 490 米，深 208 米，无论是暴雨倾盆，还是山水聚至，其底部始终不积水。

无底洞的出口在哪里？每年大量的水究竟都流到哪里去了？很多人都对这些问题产生过疑问，许多科学家也曾作过多方面的探测，但都枉费心机，没有找到答案。因此，无底洞到底是怎么回事，至今仍然是自然界的一个未解之谜。

# 任何烦恼都不过是庸人自扰

有个心理学家做了一个有趣的实验。他要求一群实验者在周日晚上把未来 7 天会烦恼的事情都写下来，然后投入一个大型的"烦恼箱"。

**写作关键词**
烦恼 庸人自扰 放弃 快乐

第三周的星期日，心理学家在实验者面前打开这个箱子，与实验者逐一核对每项"烦恼"，结果发现其中 99% 的担忧并没有真正发生。

接着，心理学家又要求把那些真正发生的 10% 的"烦恼"重新丢入纸箱中，等过了 3 周，再来寻找解决之道。结果到了那一天，

他开箱后，发现那些剩下的10%的烦恼已经不再是那些实验者的烦恼了，因为他们都有能力对付。

-------------- · 女孩应该懂得的道理 · --------------

很多所谓的烦恼，不过是我们庸人自扰罢了。如果你现在正在为某些事所困，不妨也把这些烦恼记录下来，待到再过一些日子去查看，你将发现，这些烦恼都已烟消云散、不复存在。将烦恼抛弃，才能做一个真正快乐的人。

 知识点链接

### 实验心理学创始人——冯特

冯特，德国心理学家、哲学家，获得医学博士学位，执教于莱比锡大学，并在该校建立了世界第一座心理实验室。他的《生理心理学原理》是近代心理学史上第一部最重要的著作。冯特对心理学作出的最大贡献当属将心理学确定为一门新的科学，并为之划定了研究的领域，确定了一个宏观的框架。人们是这样说的："在冯特创立他的实验室之前，心理学像个流浪儿，一会儿敲敲生理学的门，一会儿敲敲伦理学的门，一会儿敲敲认识论的门。1879年，它才成为一门实验科学，有了一个安身之处和一个名字。"

# 影响我们的往往不是事情本身，而是我们复杂的心灵

凯瑟琳·赫本在未出道时，有一次非常关键的演出，正是这次演出，令她一举成名。但在她准备正式登台前的十几分钟里，她真正感受到了开演之前的压力。她

写作关键词

恐慌 紧张 心理负担

感到恐慌，觉得自己无法演出，并且认定她的嗓子将会发生问题。她告诉医生说，她觉得浑身瘫痪，几乎无法移动双脚。

"怎么回事呢？"医生问道。

"我突然感到很恐慌。以前在演出前通常会感到紧张，但这一次有点不同。"

"不要担心，"医生说，"你是一位真正的演艺专家，你一定能克服紧张情绪的。我袋子里正好有你所需要的东西，这是一种新药，效果又快又好。"

说着，医生从皮包中取出针管，打断一个蒸馏水的小玻璃瓶，并把瓶中的蒸馏水抽到针管中。

接着医生给赫本打了一针蒸馏水，并向她保证说，这种特效药马上就会生效。

"坐下来，"医生说，"放松心情。"

几分钟后，她已经很镇静了。

"这真是神药啊，我真该吻你一下，向你表示谢意，"她说，

"医生,我觉得很好,真是太感谢你了。"

她上了舞台,完成了一次精彩的表演。

后来在庆祝演出的宴会上,医生走过去向她道贺:"你知道吗?这是你最精彩的一次演出。"

"谢谢你。"赫本说。

"不,应该感谢你自己。努力的是你,而不是我。你知道我给你注射的只是一瓶蒸馏水吗?"

赫本大感惊诧,然后不禁哈哈大笑。

·女孩应该懂得的道理·

生活中能影响我们的往往不是事情本身,而是我们复杂的心灵。为那些没有必要的事情忧虑、恐惧、沮丧,只能加重我们的心理负担。事实上,我们所担心害怕的事情,有99%根本不会发生。

知识点链接

### 凯瑟琳·赫本

凯瑟琳·赫本,美国电影女演员,25岁初登大银幕,从影至20世纪90年代,纵横影坛达半个世纪之久,被认为是美国电影与戏剧界的标志性人物、好莱坞的传奇。凯瑟琳·赫本一生出演过40余部影片,12次获奥斯卡奖提名,并4度摘取"最佳女演员"(1933《牵牛花》、1967《猜猜谁来赴晚宴》、1968《冬狮》、1981《金色池塘》)的桂冠。这超越好莱坞所有男女演员的殊荣使她被誉为"好莱坞常青树""美国影坛第一夫人"。

## 其实我们很富有

有一个叫黄美廉的女子,从小就患上了脑性麻痹症。这种病的症状十分惊人,因为肢体失去平衡感,手足会时常乱动,口里也会经常念叨着模糊不清的

写作关键词：缺陷 不如意 抱怨 富有

词语,模样十分怪异。医生根据她的情况,判定她活不过6岁。

在常人看来,她已失去了语言表达能力与正常的生活条件,更别谈什么前途与幸福。但她却坚强地活了下来,而且凭借顽强的意志和毅力,考上了美国著名的加州大学,并获得了艺术博士学位。她靠手中的画笔,还有很好的听力,抒发着自己的情感。

在一次讲演会上,一位学生贸然地这样提问:"黄博士,你从小就长成这个样子,请问你怎么看你自己？你有过怨恨吗？"在场的人都暗暗责怪这个学生的不敬,但黄美廉却没有半点不高兴,她十分坦然地在黑板上写下了这么几行字:

一、我好可爱；

二、我的腿很长很美；

三、爸爸妈妈那么爱我；

四、我会画画,我会写稿；

五、我有一只可爱的猫；

……

最后,她以一句话作结：我只看我所拥有的,不看我所没有的！

### 女孩应该懂得的道理

在这个世界上,每个人都有着不同的缺陷或不如意的事情,并非只有你是不幸的,关键是如何看待和对待不幸。无需抱怨命运的不济,不要只看自己没有的,而要多看看自己所拥有的,我们就会感到:其实我们很富有。

 **知识点链接**

#### 加州大学

加州大学为加利福尼亚大学的简称,是美国最具影响力的公立大学之一。它起源于1853年建立在奥克兰的加利福尼亚学院,如今已发展成一所拥有10个分校并对加州发展影响深远的巨型大学系统。在这10所分校中,伯克利分校、旧金山分校、圣地亚哥分校和洛杉矶分校都是世界一流的学府。

## 只要活着,一切都可以从头再来

从前有一位国王,拥有至高无上的权势,享用不尽的荣华富贵,尽管如此,他却并没有快乐的心情。他虽然能够主宰自己的臣民,却难以操控自己的情绪,莫名

> **写作关键词**
> 春风得意 忘乎所以
> 灰心丧气 百折不挠
> 跌倒后爬起来

其妙的焦虑和忧郁经常让他闷闷不乐、寝食难安,不知道如何排遣自己的种种不快。

于是,他找来了当时最负盛名的一位智者,要求他找出一句人间最有哲理的箴言,这句话必须浓缩了人生的智慧,必须有惊人之效,能让人胜不骄、败不馁,得意而不忘形、失意而不伤神,能让人始终保持一颗平常的心。智者想了想,答应了国王,条件是国王将佩戴的戒指交给他。

过了几天,智者将戒指还给了国王,但他强调:除非在万不得已的情况下,别轻易取下戒指上镶嵌的宝石,否则,它就不灵了。几个月后,邻国大举入侵,国王率军队拼死抵抗,但最终寡不敌众,失败了。于是,国王率领着很少的一队人马四处亡命。

但是敌军穷追不舍,为逃避敌兵的搜捕,国王藏身在河边的草丛中。他又渴又累,当他到水塘解渴的时候,猛然看到水中映出一个蓬头垢面、衣衫褴褛的人,不禁伤心欲绝——谁能相信这个人就是那个曾经器宇轩昂、威风凛凛的国王呢?国王这时绝望了。

就在他欲投河轻生之际,他突然想起了智者,想到了戒指。于是他急切地抠下了戒指上的宝石,他发现下面镌刻着一句话——这一切都会过去。

国王的心顿时震撼了,又重新燃起了希望的火花,他决心生存下去。从此,他忍辱负重,坚持不懈地努力,经过几年的整顿,重招旧部东山再起,最终赶走了外敌。

而当他率领着自己的部队再一次返回王宫后,他做的第一件事就是将"这一切都会过去"这句七字箴言,镌刻在象征王位的宝座上,以此来警示自己。

·女孩应该懂得的道理·

"这一切都会过去",这句话看似平实、普通,却囊括了人类的全部智慧。它能使一个人在春风得意时不会忘乎所以,也能让一个人在灰心丧气的时候百折不挠,在跌倒后爬起来。

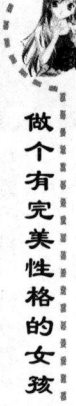

### 知识点链接

**智者**

　　智者，简言之就是有智谋或智慧过人的人。具体而言，智者是公元前5世纪到公元前4世纪希腊的一批收徒取酬的职业教师的统称。而公元前5世纪前智者泛指聪明并具有某种知识技能的人，后来自然科学家、诗人、音乐家乃至政治家，也被称为智者。

# 从抱怨的、被动的生活里跳出来

　　美国的西雅图有个很特殊的鱼市场叫做Parkplace Market，他们特殊的卖鱼及批发处理鱼货的方式，曾被无数的电视台报道过，也使之成为游客如织的观光点。不同于一般鱼市场埋头苦干的沉默与沉重，这个西雅图鱼市的鱼商，创造了一种游戏般的工作方式，不但娱乐自己，也娱乐客人。

写作关键词
抱怨 被动 积极 乐观

　　在那里，你看不到脸色沉重的人，他们个个面带笑容，人人亲密无间。一个人手里拿着一条冰冻的鱼，就如棒球运动员拿着棒球一般，嘴里打着招呼，接着扔向对面的伙伴。大家也都和他一样，把手中的鱼扔了出去，顿时，空中便出现了无比壮丽的景观，到处是飘来飘去的冻鱼。大家一边扔，一边唱："啊，5条鳕鱼飞往明尼苏达州去了。""8只螃蟹飞去堪萨斯了。"练久了，人人身手不凡，可以媲美马戏团团员。

而且，在欢快的气氛中，鱼市上散发出的腥膻味已被赶得无影无踪，空气中弥漫着浓浓的人情味，每个人置身其中，想不快乐都不成。

其实，这个鱼市以前可不是这样的。那时，鱼市死气沉沉，大家每天为生计奔波，从早到晚脸上难以见到笑容，到处是无尽的抱怨声。

后来，新来了一个鱼贩子，他见大家整天板着面孔，就鼓动说："我们为何不尝试转换一下思维呢？与其每天埋在抱怨堆里出不来，倒不如改变工作品质，把卖鱼不再当做是卖鱼，而当做一种艺术来享受，这样，我们的心情就会愉快起来的。"

大家对他的话半信半疑，但还是照着去做了。没想到，就是这一小小思维的改变，竟改变了大家的生活，大家不再把卖鱼当做一件枯燥烦闷的事，而把自己当成了杂技团的演员、合唱队的队员、棒球运动员，在卖鱼时，各自展示娴熟的手艺，亮开歌喉，放声高唱自编的歌词。鱼市上，整天都是笑声歌声此起彼伏，不绝于耳。

鱼贩们的快乐和热情影响着前来买鱼的顾客，人们心情愉悦，买东西变成一种快乐。与此同时，鱼贩们还影响了附近的上班族，他们常到这里来和鱼贩一起用餐，感染他们乐在工作中的好心情。有不少无力于提升工作士气的主管，还跑到这里来找鱼贩，问他们："为什么一整天在这个充满鱼腥味的地方做苦工，你们竟然可以这么快乐？"鱼贩们又做起了这些上班族的心理咨询师，将自己的快乐传递给更多的人。

· 女孩应该懂得的道理 ·

同样是卖鱼，同样是这群人，为什么他们的生活质量发生了翻天覆地的变化呢？原因很简单，他们只不过是从抱怨的、被动的生

活中"跳出来",以主动的、积极的心态去迎接新生活,这就是西雅图鱼市里的人们快乐起来的全部原由。我们也可以借鉴鱼贩们的这种工作态度,无论学习还是工作,都以积极、乐观的心态去面对,这样即使处于再艰苦的环境,你也会拥有快乐,会笑出声来。

 知识点链接

### 西雅图

　　西雅图是美国太平洋沿岸西北部最大的城市。绿宝石城是西雅图的官方别称,当然,这并不是说西雅图拥有大量的绿宝石,而是指温和适宜的气候让西雅图常年被绿水青山环绕,整座城市像绿宝石般。也正因为气候宜人以及绿化工作特别卓著,西雅图被评为"全美最佳居住地""最佳生活工作城市"。

　　西雅图是波音飞机的故乡,因此被叫做"飞机城";这里也是著名的星巴克咖啡的故乡,西雅图的市民有消耗咖啡量大的荣誉;这里更是微软的故乡,比尔·盖茨的豪宅和微软总部就位于这座空气十分清新的城市。

　　西雅图市的名称来自原住民酋长希尔斯。自远古时期就居住在北美地区的印地安人,靠着打猎和捕鱼为生,在深山野林中过着自给自足的部落生活,他们就是西雅图的原住民。1850年,一群殖民者前后抵达此地,原住民酋长希尔斯给予了他们帮助和友谊。后来,殖民者们为了表示对这群原住民的尊重,就直接将这块移民地的新生地命名为酋长希尔斯的名字,这中间因为一些口语误传,最后便成为西雅图,这就是西雅图市名的由来。

## 女孩心态手册——做到这些，会让你生活更幸福

1. 努力改变看问题的角度，总是看好的一面，别让心思纠缠在消极或者困难的事情上。

2. 要积极去想解决问题的办法，别总想着问题本身。

3. 听一些放松而又激励人心的音乐。

4. 常看令你捧腹大笑的喜剧、小品或者相声。

5. 每天腾出一点时间读几页令人鼓舞的图书或者文章。

6. 警惕思想动态。一旦你想起了不好的事情，赶快停下，转到高兴的事情上去。

7. 每天都做点让自己快乐的事。可以是小事，诸如给自己买一本书、吃点自己喜欢吃的、看一个自己喜欢的电视节目或者电影、在街上散步等等。

8. 每天至少做一件让别人高兴的事情。可以是一句话，温暖别人的心，也可以是在路口停下车让行人先过，还可以是在公交车上给别人让座。你让别人高兴的时候，你自己也高兴，别人也会尽量让你高兴。

9. 总是期待着幸福的到来。

10. 不要嫉妒那些幸福的人。相反，应该为别人的幸福而感到幸福。

11. 与幸福的人交往，向他们学习，使自己幸福。记住，幸福是可以传染的。

12. 当事情没能按照预期计划进行时，态度要超脱一些。

# 第六章

## 好习惯，让女孩终身受益

　　字典上解释，习惯就是长期重复地做而逐渐养成的不自觉的活动。习惯的力量是巨大的，它会在不经意间影响一个人的一生。

　　一个人如果养成的是好习惯，一辈子都用不完它的利息；如果养成的是坏习惯，一辈子都偿还不清它的债务。

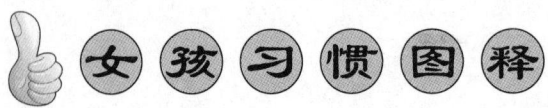

● 字典里没有"拖拉"两个字,应该今天完成的事情绝不拖到明天。

解说语:古人云:"明日复明日,明日何其多?我生待明日,万事成蹉跎!"与其拖拖拉拉地抱怨时光流逝,不如坐下来踏踏实实地把今天的任务完成。

● 善于作计划,善于按照计划有条不紊地去做事情。

解说语:作计划的好处是什么?第一,防止忘记做某件事情;第二,合理安排时间,轻松完成各项任务;第三,减少盲目、慌乱以及因此而浪费的时间;……所以,花半个小时的时间作个简单的计划,你有可能会节省半天甚至更多的时间。

● 有错就改，不找借口。

解说语：找借口难，经常找借口更难，一个借口多次使用更是没劲！考试失误，上学迟到、失手打坏别人的东西……与其想破脑袋找借口，不如试着在自己身上找原因。发现错误及时改正，发现不足及时弥补，这才能使我们变得日趋完美。

● 积极进取，勤奋好学。

解说语：父母为我们提供的财物再多，总有花光、用尽的一天。但我们自身积极进取的心态以及勤奋好学的习惯是永远都不会消失的，它们才是我们立足社会和未来的基础。请记住：优良的习惯造就优秀，错误的习惯诞生平庸。

做个有完美性格的女孩

## 01 把其他人荒废的时间利用起来

**写作关键词**
利用时间 短暂时间
长期积累 宝贵财富

在一所中学里，有一位老师经常弹奏《致爱丽斯》，在空旷的琴房里，乐音之美妙，音质之纯美是一般的音响不能演绎出来的。有一个人羡慕地问她："如果我能像你这样演奏需要多长时间？"她微笑着说："10分钟。"那人很吃惊。她说："是真的，不过我说的是每天10分钟。"

原来她只是一位地理老师，根本就没有多少音乐常识。3年前，有一家私人企业捐赠了那架钢琴，一直放在琴房里，于是，她便利用每次课间10分钟，到琴房里练习弹奏，从最初级的音阶开始练习。不过，她只有10分钟，10分钟之后，上课铃声响起，她就得停止。一位前来听课的大学毕业的音乐教师偶然听到她弹的那首钢琴曲，只听出了其中只有一个音符没有弹好，其余的就无懈可击了。

·女孩应该懂得的道理·

有的女孩之所以能够比其他人懂的多、会的多，其根本原因就在于，她把其他人荒废的时间充分地利用了起来。智慧的女孩善于利用时间，能够将每天短暂的时间通过长期的积累，转化为自己的宝贵财富。

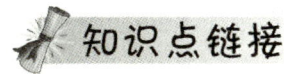

> **《致爱丽丝》**
>
> 　　《致爱丽丝》是贝多芬创作的一首钢琴小品。这首乐曲是贝多芬40岁时为他的学生，名叫伊丽莎白·罗克尔（爱丽丝是罗克尔的昵称）的女高音歌唱家所作。此曲形象单纯技巧浅显，显然是为了适合于初学者的弹奏程度。该曲发表以后，不胫而走，几乎成为初学者必弹的曲目之一。

# 今日事，今日毕

**写作关键词**

今日事今日毕　做事拖沓

　　张海迪是当代著名的作家。5岁时，她得了脊髓血管癌造成高位瘫痪，成了残疾儿童。每当看到窗外上学的小孩，她心里就非常羡慕，因为她也想上学。张海迪因为不能去学校读书，她的爸爸妈妈就利用下班的时间亲自教她。她对此感到很高兴，毕竟这是她学习知识的唯一途径啊。

　　学习的过程是充满艰难的，毕竟她是个重病在身的孩子。有时，张海迪实在感到疼痛和疲倦，连作业都无法完成，就对妈妈说："妈妈，这些作业明天再做，行吗？"妈妈却郑重地说："今日事，今日毕。"听了妈妈的话，张海迪明白了，她要和学校里的其他孩子一样

做个有完美性格的女孩

完成作业，不能拖拉。她还给自己立了计划，要是不完成作业当天就不睡觉。

就这样，她把小学、中学的课程全部学完了，还自学了英语、日语、德语等，并攻读了大学本科和硕士研究生的课程。她还创作了家喻户晓、畅销全国的《向天空敞开窗口》《生命的追问》《轮椅上的梦》等作品。

-------- ·女孩应该懂得的道理· --------

做事拖沓，今天的事情拖到明天才做，这是我们很多青少年都存在的问题。而事实上，这是一个非常不好的习惯。古人说得好："此生待明日，万事成蹉跎。"一位名人曾经说过："不要将今天能做的事拖到明天。"我们应当把这句名言作为我们人生恪守的准则，养成"今日事，今日毕"的好习惯。

知识点链接

《轮椅上的梦》

《轮椅上的梦》是张海迪的自传体小说，是她在轮椅上完成的梦。在残酷的命运挑战面前，张海迪没有沮丧和沉沦，对人生充满了信心，在这部小说里她怀着"活着就要做个对社会有益的人"的信念，以方丹这一人物形象回答了亿万青少年非常关心的诸多人生观、价值观问题。

# 习惯主宰人生

亚历山大帝王图书馆发生火灾的时候,馆里所藏图书被焚烧殆尽,但有一本不很贵重的书却得以幸免。有一个能识几个字的穷人,花了几个铜板买下了这本书。书本身不是很有意思,但书页里面却藏着一样非常有趣的东西:一张薄薄的羊皮纸,上面写着点铁成金石的秘密。所谓点铁成金石,是指用一块小圆石,能把任何普通的金属变成纯金。小纸片上写着:这块奇石在黑海边可以找到,但是奇石的外观跟海边成千上万的石头没什么两样。谜底在于:奇石摸起来是温的,而普通的石头摸起来是冰凉的。这个穷人于是变卖了家当,带着简单的行囊,露宿于黑海岸边,开始寻找点铁成金石。

他知道,如果他把捡起来的冰凉的石头随手就扔掉的话,那么他可能会重复地捡到已经摸过的石头,而无法辨认真正的奇石。为防止这种情形的发生,每当捡起一块冰凉的石头,他就往海里扔。一天过去了,他捡的石头中没有一块是书中所说的奇石。一个月,一年,两年,三年……他还是没找到那块奇石。但是,他不气馁,继续捡石头,扔石头……没完没了。

有一天早上,他捡起一块石头,一摸,是温的!他仍然随手扔到了海里,因为他已经养成了往海里扔石头的习惯。这个扔石头的

动作太具习惯性了。以至于当他梦寐以求、苦苦寻觅的奇石出现时,他仍然习惯性地将其扔到了海里。

-------- ·女孩应该懂得的道理· --------

英国哲学家培根曾说:"习惯真是一种顽强而巨大的力量,它可以主宰人生。"这句话对我们而言有着重要的警示意义,那就是要拥有美好人生,必须养成一种好的习惯,让它服务于我们。

 知识点链接

### 培根

培根生于英国一个官宦之家,父亲是伊丽莎白女王的掌玺大臣,同时兼任大法官(王国最高法律官职)一职。培根12岁时被送入剑桥大学三一学院深造,后受父亲影响走上从政的道路,也成为一名大法官。然而,培根的志趣并不在政治活动上,而是钟情于对科学真理的探索,于是他一边从政,一边进行学术研究。晚年时,培根索性脱离政治活动,专门从事科学和哲学研究。培根的努力取得了显著的效果,他在哲学、自然科学等领域作出了卓越的贡献,被马克思称为"英国唯物主义和整个现代实验科学的真正始祖"。培根还是一位散文家,他著作的《论说文集》是值得一读的佳作,其中有很多名句,如:"读史使人明智,读诗使人灵秀,数学使人周密,物理学使人深刻,伦理学使人庄重,逻辑修辞之学使人善辩;凡有所学,皆成性格。"

## 04 成就源于习惯

1978年,75位诺贝尔奖获得者在巴黎聚会。人们对于诺贝尔奖获得者非常崇敬,有个记者问其中一位:"在您的一生里,您认为最重要的东西是在哪所大学、哪所实验室里学到的呢?"

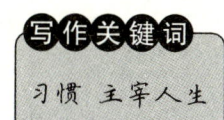

写作关键词

习惯 主宰人生

这位白发苍苍的诺贝尔奖获得者平静地回答:"是在幼儿园。"

记者感到非常惊奇,又问道:"为什么是在幼儿园呢?您认为您在幼儿园里学到了什么呢?"

诺贝尔奖获得者微笑着回答:"在幼儿园里,我学会了很多很多。比如:把自己的东西分一半给小伙伴们;不是自己的东西不要拿;东西要放整齐;饭前要洗手;午饭后要休息;做了错事要表示歉意;学习要多思考,要仔细观察大自然。我认为,我学到的全部东西就是这些。"

这位诺贝尔奖获得者的答话,也得到了众多科学家的普遍赞同。

### 女孩应该懂得的道理

从小养成良好习惯对人的一生有非常重要的影响。这种影响将伴随我们的一生,无论学习还是生活,做人或者处世。它以一种无比顽强的姿态干预着你生活中的细枝末节,从而主宰人生。对于我们来说,要成就学业、事业,要拥有美好人生,必须养成好的习惯。

 知识点链接

### 诺贝尔奖

诺贝尔奖是以瑞典著名化学家、硝化甘油炸药发明人诺贝尔的部分遗产作为基金创立的。诺贝尔在遗嘱中提出,将部分遗产(920万美元)作为基金,以其利息分设物理、化学、生理或医学、文学及和平(后添加了经济奖)5个奖项,授予世界各国在这些领域对人类作出重大贡献的学者。

诺贝尔奖包括金质奖章、证书和奖金支票。金质奖章约重半磅,内含黄金23K,奖章直径约为6.5厘米,正面是诺贝尔的浮雕像,背面饰物因各奖项不同而有所不同;每份获奖证书的设计也各具风采;奖金视基金会的收入而定,由于通货膨胀,逐年有所提高,最初约为3万多美元,现在达100多万美元。

## 优良的习惯造就富足,错误的习惯诞生贫穷

一家社会研究机构曾经邀请了20名犹太裔富人和20名犹太裔穷人,给他们每人一支笔一张纸,要他们认真思考后写出一条自己生活中最重要的习惯。

**写作关键词**
优良习惯 错误习惯
贫穷 富足

很快，40个人每人都列出了自己生活中最突出的一个习惯，经过整理，20位富人的突出习惯是：

一、勤奋

二、节俭

三、马上就做

四、不怕失败

五、乐于思考

其中，"勤奋"和"节俭"是公认最多的两个习惯，"马上就做"排名紧随其后。

而20个穷人列出的是：

一、等待机会

二、满足

三、害怕失败

四、悠闲

五、不把自己逼得太苦

六、从不想那么多

其中，有6人都把"等待机会"作为自己突出的习惯，5人都列了"满足"。

调查结束后，研究者很快就公布了这两种不同的答案和结果，并总结说："一个人的富裕和贫穷是由一个人的生活习惯决定的，优良的习惯造就了富翁，而错误的习惯则诞生了贫穷。"

### ·女孩应该懂得的道理·

让我们记住这个研究结论：优良的习惯造就富足人生，错误的习惯则诞生贫穷。现在，拿笔写下自己身上的那些习惯吧，然后检查一下：看哪些是正确的，就延续和保持下去；哪些是错误的，就及时纠正。

做个有完美性格的女孩

## 知识点链接

### 犹太人

犹太人是世界上最聪明的族群之一，几十年来，诺贝尔奖的得主中，犹太人所占的比例远比其他民族高。在全世界享有声誉的名人中，也不乏犹太人，如我们熟知的爱因斯坦、冯·诺依曼、海涅、茨威格、卡夫卡、普利策、毕加索、华纳兄弟、门德尔松、斯皮尔伯格、卡拉扬、拉斐尔、基辛格、洛克菲勒、格林斯潘、卡尔·马克思等。

犹太人还是世界上最富有的族群之一，他们以其独特的经营技巧而富甲天下，摘取了"世界第一商人"的桂冠，引起全球人士的关注和研究。有的权威人士这样告诉世人：犹太富豪在家打个喷嚏，世界上所有的银行都将引起感冒。五个犹太财团坐在一起，便能控制整个人类的黄金市场。当今美国更流行一句话："美国的钱装在犹太人的口袋中。"

## 06

## 注重细节，通向成功的阶梯

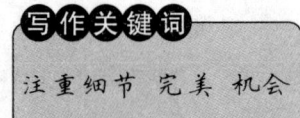

写作关键词

注重细节 完美 机会

日本东京贸易公司有一位专门负责为客商订票的小姐，她给德国一家公司的商务经理购买往来于东京、大阪的火车票。

不久，这位经理发现了一件趣事：每次去大阪时，他的座位总是在列车右边的窗口，返回东京时又总是靠左边的窗口。经理问小姐其中缘故，小姐笑答："车去大阪时，富士山在你右边，返回东京时，山又出现在你的左边。我想，外国人都喜欢日本富士山的景色，所以我替你买了不同位置的车票。"就这么一桩不起眼的小事使这位德国经理深受感动，促使他把与这家公司的贸易额由400万马克提高到1200万马克。

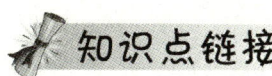·女孩应该懂得的道理·

一个注重细节、时时处处把细节做到完美的人，无论在哪里，都将获得比别人更多的机会。

### 知识点链接

#### 富士山

富士山横跨日本静冈、山梨两县，是日本第一高峰，海拔3776米，因山体高耸入云，山巅白雪皑皑，放眼望去，好似一把悬空倒挂的扇子，所以又有"玉扇"之称。富士山还是世界上最大的活火山之一，目前处于休眠状态，但地质学家仍然把它列入活火山之列。现在，富士山被日本人民誉为"圣岳"，是日本民族引以为傲的象征。其实，富士山不仅在日本有名，在全球也享有盛誉，每年从世界各地慕名前来观赏富士山的游客不计其数。

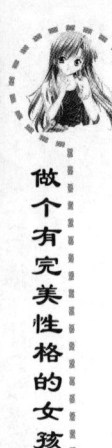

做个有完美性格的女孩

# 做事有秩序

**写作关键词**
轻重缓急 先后顺序
习惯 忙乱

一家大公司的总经理夫人史密斯太太出身于名门之后,有着良好的教育背景,在嫁给丈夫之前有一份相当体面的工作。当第三个孩子出生以后史密斯太太便辞去工作,专门在家里负责照顾丈夫的生活和三个孩子的身体健康和学习教育。

过去在外面工作时,繁忙的工作常常使史密斯太太感到筋疲力尽,所以家里的事情总是因为无暇顾及而一团糟。可是现在专门回到家里负责家庭事务时,她仍然感到每天都有一大堆没完没了的事情需要处理:一大堆的衣服需要清洗和熨烫,孩子们的玩具总是乱七八糟地被到处堆放,丈夫的文件和孩子们的课本也常常被混在一起……为了这些事情,史密斯太太的头都要大了,整个人每天都充满了紧张、焦虑和郁闷。她知道自己现在的状态很不好,可是又不能停下来,因为一停下来家里的事情就会更加乱成一团。史密斯太太为此感到委屈,于是常常向丈夫和孩子们发出抱怨,当然她自己也知道这是非常不好的行为,虽然丈夫和孩子们并没有直截了当地反驳自己,但是她能感觉到自己似乎正在向一个令人讨厌的黄脸婆的方向发展。

一开始史密斯太太为自己的这一想法感到恐惧,可是后来她发现,如果自己继续维持目前的状态,那她真的离黄脸婆越来越近了。史密斯太太告诉自己必须马上着手改变这种状态,可是应该从哪里做起呢？她想起了丈夫公司的一位副总的太太，也就是罗文太太。实际上罗文太太各方面的条件并不比史密斯太太出色，如家庭出身、学历等，但是每次遇到她都会感受到她那种从内而外显示出来的优雅，而且包括史密斯太太在内的许多人从来没有从她嘴里听到过对家庭事务的抱怨。在一次受她和她丈夫的邀请之后，史密斯太太和丈夫去了罗文太太的家，史密斯太太发现罗文太太家的一切都那么井井有条，而罗文太太干起事来也总是那么从容自若，似乎自己过去所抱怨的忙乱和琐碎从来就不曾在她家出现过。

史密斯太太忍不住问罗文太太："那些需要清洗和熨烫的衣服呢？"

"上午就处理完了。"罗文太太回答。

"那么，孩子们的书本、玩具还有你丈夫带回家需要处理的文件呢？"

"孩子们用得着的书本都在学校里，过去的书本在储物间专门的柜子里，丈夫的文件他已经在书房处理完了。"

"我想知道的是，究竟是什么使你总是这样有条不紊？说实话，我感到不可思议，你把该做的事情都做了，可是你看上去却一点都不忙乱。"史密斯太太又问道。

罗文太太回答："家务事也许是琐碎的，不过，如果家庭主妇们都能按照华盛顿国会图书馆天花板上的几个醒目大字来做事，那么一切会变得十分有条理。这几个字是诗人波普写的，它们是：秩序是天国的第一要律。"

"秩序是天国的第一要律？"史密斯太太认真地领会这句话的含义。

很快，聪明的史密斯太太就知道自己过去忙得不可开交可家中仍然总是一片狼藉的原因了。在她离开罗文太太家的三个星期之后，她的丈夫和孩子们都开始夸奖她的能干，而且她还可以腾出时间去健身和购物。

•女孩应该懂得的道理•

当代管理学之父彼得·杜拉克说过:"必须分清轻重缓急。最糟糕的是什么事都做,但都只做一点,这必将一事无成。"对于生活中林林总总的事情可以按重要性和紧急性的不同组合来确定处理的先后顺序,先集中时间做大事情,剩余时间再处理小事杂事。养成这样的做事习惯,就不会出现忙乱的状况了。

 知识点链接

### 波普

波普,英国诗人,出生于一个天主教家庭。那时英国法律禁止天主教徒上学,所以波普是在家接受的私塾教育。不过,波普的大部分知识都得自于阅读,他自学多种语言,并通过抄书培养自己的写作能力。波普的写作才华在小小年纪便得以展现出来,他的第一首诗——《田园诗》是在16岁时写的。波普最大的成就是英雄双韵体的创作,无人可以超越。这种诗歌由两行诗句组成,每句5个重音节拍,另附押尾韵,一个对偶句清楚准确地表达一个完整的思想,实质上每个对偶句都是独立的。文学史上最著名的英雄双韵体之一,即波普所作的《论人文粹》:"认识你自己,不是去靠上帝,人类最适宜研究的是人类自己。"

## 今天就出发

安乐尼·吉娜是纽约百老汇中最年轻、最负盛名的演员之一。她曾在美国著名脱口秀节目《快乐说》中讲述了她的成功之路。几年前,吉娜是大学里艺术团的歌剧演员。那时,她就向人们展示了一个璀璨的梦想:大学毕业后先去欧洲旅游一年,然后在百老汇成为一名优秀的演员。

写作关键词

现在就做 时间的主人

第二天,吉娜的心理学老师找到她,尖锐地问了一句:"你旅欧后去百老汇与毕业后去,有什么差别?"吉娜仔细一想:"是呀,赴欧旅游并不能帮我争取到百老汇的工作机会。"于是,吉娜决定一个月以后就去百老汇闯荡。这时候,老师又冷不丁地问她:"你现在去与一个月以后去,有什么不同?"吉娜于是想准备一下下星期就出发。老师却步步紧逼:"所有的生活用品在百老汇都能买到,为什么非要等到下星期动身呢?"

吉娜终于双眼泪盈地说:"好,我明天就去。"老师赞许地点点头,说:"我马上帮你订好明天的机票。"第二天,吉娜就飞赴纽约百老汇。当时,百老汇的制片人正在酝酿一部经典剧目,几百名各国演员前去应征主角。

吉娜费尽周折,从一个化妆师手里拿到了将排的剧本。这以后的两天中,吉娜闭门苦读,悄悄演练。初试当天,当其他应征者都按常规介绍着自己的表演经历时,吉娜却要求现场表演那个剧目的

念白,最终以精心的准备出奇制胜。就这样,吉娜顺利地进入了百老汇,穿上了她演艺人生的第一双红舞鞋。

· 女孩应该懂得的道理 ·

古人说得好:"明日复明日,明日何其多?我生待明日,万事成蹉跎!"既然将来的机会并不比现在多,既然将来的条件并不必现在好多少,为什么不现在出发呢?如果每个人都能具备"现在就做"的精神,那么你就成为了时间的主人。

 知识点链接

### 百老汇

百老汇原本是美国纽约曼哈顿一条街的名字,意为"宽阔的街道"。在这条大街上,剧场林立。20世纪40年代以前,国内外很多著名的剧团,许多著名的剧作家、导演和演员都到这里演出话剧、歌剧、舞剧、歌舞剧和音乐剧等,因此,"百老汇"便成了美国的戏剧中心,人们把百老汇的演出称为"百老汇戏剧"。

百老汇在世界戏剧界具有重要地位,任何一出戏只要在百老汇的某一剧场有了成功的演出,它就会名扬全美国和整个英语世界,甚至整个西方世界。出自同样的道理,大多数在美国各地演出成功的戏也会搬到百老汇演出,然后再通过百老汇的名气向其他地方推进。

每年,都有几百万的来自世界各地的游客到纽约欣赏百老汇的歌舞剧。

## 女孩习惯手册——如何养成好习惯

**1. 从小事做起,注重细节。**

一个人的习惯好不好,素质高不高,往往反映在小事上。要明辨是非,随时提醒自己。比如,注意自己的站相、坐相、吃相,注意待人接物的礼仪,等等。一开始可能有点儿"累",但用不了多久,你就习惯了,而且让你一辈子受益。

**2. 开好头,不开坏头。**

习惯是通过过程培养的,而过程都有开头。只要是想好了准备做的事,就要果断地开头,不要拖,不要等。比如,你打算写日记了,好,开始写。一段时间以后,你觉得它已经成为你生活的一部分了,甚至没有什么觉得不觉得,到时候就自然而然地去做了,好习惯就养成了。相反,坏事千万别开头,因为开了头就会对自己放纵了。

**3. 至少坚持21天。**

21天已经基本可以让你培养一个永久不变的好习惯了,时间如果太短则不能根植到你的大脑内,形成长久的习惯。

**4. 不找借口。**

美国西点军校有一条规矩,就是不找借口,这对于养成好习惯非常有帮助。人最容易原谅自己,事情没做好,想办法找一些原因,让自己心安理得,这是一种坏习惯。它会让你软弱,会让你偷懒,会让你逃避,结果你丧失了勇气。

**5. 一次只培养一个好习惯。**

要想有一个好习惯,就要集中于改变一个坏习惯。一次如果想改掉多个坏习惯,势必会分散你的精力,并使你最终放弃。

# 第七章

## 智慧，为女孩的一生保驾护航

智慧的女孩从不让思维僵化固拗，她们随机应变，喜欢多动一下脑筋，善于利用发散思维，所有的苦难和阻碍都将在她们的手中天堑变通途。

"石韫玉而山晖，水怀珠而川媚。"古代诗人陆机这样品评智慧之美。"女孩可以不美丽，但不能不智慧，智慧能塑造美丽，能使美丽长驻，能使美丽有质的内涵。"当代人这样理解智慧之美。

- 只有想不到，没有办不到。喜欢动脑筋，并喜欢用自己的实际行动证明"方法总比问题多"。

解说语：人的智慧从何而来？从积极开动脑筋中而来。同样，一个女孩智慧的象征就是：遇到问题不依赖、不退缩，积极开动脑筋思考解决的办法。

- 爱动脑，也爱借鉴别人的优点，总能博采众长。

解说语：任何一个人的智慧都是有限的，博采众长，集他人之优点，能让你成为智者中的聪明人。

● 思维不受条条框框的限制，善于打破非此即彼的固有模式，相信世上存在更好的第三种答案。

解说语：有时候事情是"死"的，但人的思维是活的。不要相信非此即彼，跳出条条框框的限制，也许你会得到一个柳暗花明的答案。

● 要想聪明，比别人多动一下脑筋。

解说语：聪明人为何聪明？因为他们总比别人多动一下脑筋。聪明的女孩更是要懂得：遇到问题少说话，多思考。

做个有完美性格的女孩

## 01 智慧的思维方式，让人豁然开朗

美国，华尔街，某大银行。

一位提着豪华公文包的犹太老人，来到贷款部前，大模大样地坐了下来。

"请问先生，您有什么事情需要我们效劳吗？"贷款部经理一边小心地询问，一边打量着来人的穿着：名贵的西服，高档的皮鞋，昂贵的手表，还有镶着宝石的领带夹子……

"我想借点钱。"

"完全可以，您想借多少呢？"

"1美元。"

"只借1美元？"贷款部的经理惊愕了。

"我只需要1美元。可以吗？"

"当然，只要有担保，借多少我们都可以照办。"

"好吧。"犹太人从豪华公文包里取出一大堆股票、国债、债券等放在桌上："这些做担保可以吗？"

贷款部经理清点了一下，"先生，总共50万美元，做担保足够了，不过先生，您真的只借1美元吗？"

"是的。"犹太老人面无表情地说。

"好吧，到那边办手续吧，年息为6%，只要您付6%的利息，一年后归还，我们就把这些作保的股票和债券还给您。"

"谢谢。"犹太富豪办完手续，准备离去。

一直在一边冷眼旁观的银行行长怎么也弄不明白：一个拥有50

万美元的富豪，怎么会跑到银行来借1美元呢？

他从后面追了上去，有些窘迫地说："对不起，先生，可以问您一个问题吗？"

"你想问什么？"

"我是这家银行的行长，我实在搞不懂，您拥有50万美元的家当，为什么只借1美元呢？要是您想借40万美元，我们也会很乐意为您服务的……"

"好吧，既然你如此热情，我不妨把实情告诉你。我到这儿来，是想办一件事情，可是随身携带的这些票券很碍事，我问过几家金库，要租他们的保险箱，租金都很昂贵，我知道银行的保安很好，所以嘛，就将这些东西以担保的形式寄存在贵行了，由你们替我保管，我还有什么不放心呢！况且利息很便宜，存一年才不过6美分……"

-------------------- ·女孩应该懂得的道理· --------------------

毫无疑问，这个犹太人是个精明人，因为他有着智慧的思维方式。生活中的很多事情都是这样，看似茫然无头绪，一旦我们尝试用智慧的方式去解决，就会豁然开朗。

知识点链接

## 华尔街

华尔街是美国纽约市曼哈顿区南部从百老汇路延伸到东河的一条大街道的名字，全长540米，宽11米。华尔街是英文"墙街"的音译，1792年荷兰殖民者为抵御英军侵犯而建筑了一堵围墙，从东河一直筑到哈德逊河，后沿墙形成了一条街，因而得名Wall Street，后拆除了围墙，但"华尔街"的名字却保留了下来。

现在，华尔街以"美国和世界的金融、证券交易的中心"闻名于世，美国摩根财阀、石油大王洛克菲勒和杜邦财团等开设的银行、保险、航运、铁路等公司的经理处集中在这里，著名的纽约证券交易所也在这里。

做个有完美性格的女孩

## 02 打破非此即彼的固有模式，你会获得更多

一家公司招聘职员时，有一道这样的试题：一个暴风雨的晚上，你开车经过一个车站，发现有3个人正苦苦地等待公交车的到来。第一个是看上去濒临死亡的老妇，第二个是曾经挽救过你生命的医生，第三个是你的梦中情人。你的汽车只能容得下一位乘客，你选择谁？

**写作关键词**
非此即彼　固有模式
获得更多

每个应聘者的回答都有自己的理由：选择老妇，是因为她很快就会死去，我们应该挽救她的生命；选择医生，是因为他曾经救过我们的命，现在是我们报答他的最好机会；选择梦中情人，是因为如果错过这个机会，也许就永远找不回她（他）了。

在200个应聘者中，最后被聘用的人的答案是什么呢？

"我把车钥匙交给医生，让他赶紧把老妇送往医院；而我则留下来，陪着我心爱的人一起等候公交车的到来。"

········女孩应该懂得的道理········

我们常常会被"非此即彼"的思维模式所限。让自己"从车上下来"，打破固有的思维模式，我们还可以获得更多。

154

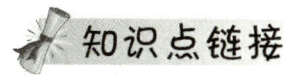

**知识点链接**

### 第一辆公共汽车

1827年，巴黎一家浴室的老板用公共汽车接送顾客，最初的公共汽车像长长的箱子，是用马拉的。1831年，英国人沃尔特·汉考克为他的国家制造出了世界上第一辆装有发动机的公共汽车。这辆公共汽车以蒸汽机为动力装置，可载客10人，当年被命名为"婴儿号"并在伦敦到特拉福之间试运营。不久，以汽油发动机为动力的公共汽车代替了蒸汽机公共汽车。最早制造出汽油发动机公共汽车的是德国的奔驰汽车公司，长途公共汽车则源于美国。

## 此路不通不妨换个角度思考

从前，在欠债还不足以使人入狱的时代，伦敦有位商人，欠了一位放高利贷的债主一笔巨款。那个又老又丑的债主，看上了商人青春美丽的女儿，便要求商人用女儿来抵债。

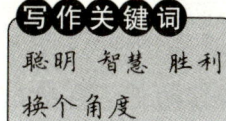

写作关键词
聪明 智慧 胜利
换个角度

商人和女儿听到这个提议都十分恐慌。狡猾伪善的高利贷债主故作仁慈，建议这件事听从上天安排。他说，他将在空钱袋里放入一颗黑石子，一颗白石子，然后让商人女儿伸手摸出其一。如果她

拣中的是黑石子，她就要成为他的妻子，商人的债务也不用还了；如果她拣中的是白石子，她不但可以回到父亲身边，债务也一笔勾销。但是，假如她拒绝探手一试，她的父亲就要入狱。

虽然是不情愿，商人的女儿还是答应试一试。当时，他们正在花园中铺满石子的小径上，协议之后，高利贷的债主随即弯腰拾起两颗小石子，放入袋中。敏锐的少女突然察觉：两颗小石子竟然全是黑的！

女孩不发一语，冷静地伸手探入袋中，漫不经心似的，眼睛看着别处，摸出一颗石子。突然，手一松，石子便顺势滚落到路上的石子堆里，分辨不出是哪一颗了。

"噢！看我笨手笨脚的！"女孩呼道，"不过，没关系，现在只需看看袋子里剩下的这颗石子是什么颜色，就可以知道我刚才选的那一颗是黑是白了。"

当然，袋子里剩下的石子一定是黑的，恶债主既然不能承认自己的诡诈，也就只好承认她选中的是白石子了。

·女孩应该懂得的道理·

一场债务风波，有惊无险地落幕。我们不得不佩服商人女儿的聪明，她以自己的智慧，赢得了这场较量的胜利。这个故事也告诉我们一个道理：遇到难题时，在此路不通的情况下不妨换个角度思考，这样，最险恶的危机也许就会变成最有利的情况。

### 伦敦

伦敦位于英格兰东南部的平原上,跨泰晤士河,是英国的首都、第一大城及第一大港,也是世界四大世界级城市之一,与美国纽约、法国巴黎和日本东京并列。同时,伦敦还是世界闻名的旅游胜地,拥有数量众多的名胜景点,如海德公园、伦敦塔、白金汉宫、大英博物馆、威斯敏斯特大教堂等,每天都吸引着众多的海外游人到此游览、参观。

伦敦这一名字来自凯尔特语的 Londinium。凯尔特人在公元43年入侵英国,之后他们修建了一座跨越泰晤士河的桥梁,此后他们发现这里有利的地理位置,便又修建了一座港口。公元50年前后,罗马商人又在桥边兴建了一个城镇,伦敦由此而诞生。

## 只有想不到,没有办不到

**写作关键词**
从无到有 动脑筋
想不到 办不到

在几千年前的欧洲,当时不管是穷人还是富人生活条件都很简陋。人基本上就披个麻袋片,光着两只脚,蓬头垢面。虽然说国王、贵族有钱,但是受当时生活条件所迫,也是什么都没有。

在希腊有一个国王,爱民如子,对老百姓特别好,经常到大街

上去体察民情，一看老百姓缺粮食就送点粮食，缺衣服就送些布。

有一天，国王带着两个随从到了农村。发现路不行，全是碎石子路，当时所有的人都不穿鞋，都是光着脚走路。国王的脚多嫩呀，平时老是有人抬着，这回微服私访出来了，脚是实在受不了了。没走几步道，脚已经是鲜血淋漓，国王根本没有心思再看老百姓的生活怎么样了，转头就回了王宫。

国王回到王宫以后，十分生气。他说："我这么大的国家，对老百姓这么好，怎么能让老百姓每天光着脚踩在碎石子上？老百姓又给我上税，又给我种地，这太对不起我的国民了。"

国王就想：怎么办呢？他在王宫里溜达时觉得地面挺平的，都是大理石。就说："要不然把全国的路都铺上大理石。"他这么一说，下面就有大臣说："陛下，咱们国家没有那么多大理石，咱们铺不了这路。"国王说："铺不了砖，咱们国家不是有牛吗？咱们把牛皮剥下来把路都铺上牛皮。"大臣一听，铺牛皮路，这不是吹牛皮吗？大臣劝国王，可是国王根本不听。

国王说，他的命令已经下了，而且要一个月之后必须全给他铺成牛皮路。

杀牛铺路，这样的做法老百姓可不干。因为当时老百姓还指望着这牛耕地呢，大臣们也不敢再劝国王。这时候国王身边有一个仆人，是从小陪着国王一起长大的，特别聪明。他就给国王出了一个主意说："陛下，咱们与其把马路都包上，还不如咱们用牛皮把所有人的脚都包上，那什么路咱们踩着都没事了呀。"仆人这么一说，国王连连说："这是个好主意。"

于是国王收回命令，把牛皮割成小块，然后把全国国民的脚包上，这就是皮鞋的由来。

·女孩应该懂得的道理·

"只有想不到，没有办不到。"生活中有很多东西都是从无到有的，就看你肯不肯动脑筋。事实上，我们身边的每一个物品，其诞生的过程都与人们思维的求新求变密切相关。

知识点链接

**希腊**

希腊位于巴尔干半岛的东南侧,三面临海。希腊是欧洲文明的发祥地,曾创造过灿烂的古代文化,在音乐、数学、哲学、文学、建筑、雕刻等方面都曾取得过巨大成就。古代的希腊出现了一大批文化和艺术大师,包括剧作家阿里斯托芬,哲学家苏格拉底、柏拉图,数学家毕达哥拉斯、欧几里德,雕塑家菲迪亚斯。希腊还是奥林匹克运动会的发源地。

希腊是一个美丽的国家,海岸线长,3000多个岛屿星罗棋布于爱琴海和地中海中,港口交错,岛上风光旖旎,阳光充足,海滩沙软潮平。希腊不乏名胜古迹,如雅典卫城、德尔菲太阳神殿、奥林匹亚古运动场建筑群、克诺索斯迷宫、阿波罗宗教城等。

## 随机应变,是摆脱困境的良方

**写作关键词**
随机应变 摆脱困境 良方

有一次,一个剧团在某地演出。剧中人物主要有监狱看守和犯人。监狱看守交给一个犯人一封信,让他照着念。在历次演出中,犯人念的这封信都是全文写在纸

做个有完美性格的女孩

上的，这次扮看守的演员有意要和扮犯人的演员开玩笑，便把一张一字没写的白纸递给了扮犯人的演员。

扮犯人的演员一看便傻了眼，因为他已经记不起信的原文了。怎么办？他瞧了一会儿，诡称光线太暗，说了声"请代读"，便又把信还给了扮看守的演员。

扮看守的演员也背不出信的原文，急得直冒汗，因他不能再退给扮犯人的演员。但他不愧是个老演员，急中生智，想出了一个办法，终于摆脱了窘境。他忙说："是呀，光线确实太暗了，我得拿眼镜去。"便托词下了台。

不一会儿，看守戴了眼镜上台，并大声流利地为犯人朗读了那封信。可这次已不是刚才那张空白的纸，而是原先写满字的那封信了。

-------------------- · 女孩应该懂得的道理 · --------------------

随机应变，是摆脱困境的良方，关键是要善于创造和利用"下台阶"的机会。生活中有很多陷入窘境的时刻，这时不妨运用一下随机应变这个方法吧。

 知识点链接

### 培根与眼镜

13世纪中期，英国学者培根看到许多人因视力不好，不能看清书上的文字，就想发明一种工具来帮助人们提高视力。为此，他想了很多办法，做了不少试验，但都没有成功。

一天雨后，培根来到花园散步，看到蜘蛛网上沾了不少雨珠，他发现透过雨珠看树叶，叶脉放大了不少，连树叶上细细的毛都能看得见。他看到这个现象，高兴极了，立即跑回家中，翻箱倒柜，找到了一颗玻璃球。但透过玻璃球，看书上的文字，还是模糊不清。他又找来一块金刚石与锤子，将玻璃割出一块，拿着这块玻璃片靠近书一看,文字果然放大了。试验成功了,培根欣喜若狂。后来他又找来一块木片,挖出一个圆洞,将玻璃球片装上去,再安上一根柄,便于手拿,这样人们阅读写字就方便多了。

这种镜片后来经过不断改进,就演变成了现在人们戴的眼镜。

## 发散思维,天堑变通途

写作关键词

兜圈子 思路 出路

坦桑尼亚是一个拥有大片热带草原、各种珍奇热带动物的国家。然而,有如此得天独厚的自然条件,它的国家动物园却没有吸引来众多的游客,只能依赖政府补助。如何摆脱困境,一度成为动物园全体成员大伤脑筋的事。

一个偶然的机会,动物园的一位工作人员从报纸上的一则消息中获得灵感。据报载,坦桑尼亚有一个偏远乡村,村民常常遭到狼的袭击,而当地居民一般没有住房装门的习惯,因此大人外出时,很担心留在家中的孩子的安全。一位女主人想出了一个好办法,她到铁铺里打制了一个铁笼子,外出时就把年仅两岁的孩子锁到铁笼里。一天,她从外面回到家时,居然发现一只狼围着笼子团团转,于是,她拿起木棍将饿狼赶跑了。

看罢消息,工作人员想:如果把动物园的游客和观赏的动物换

一下位置,把动物从笼子里放出来,让游客坐在汽车中观赏动物,岂不更有趣、更具吸引力?

他很快把这一构想向有关负责人提出,建议很快被采纳并付诸实施。于是人们可以在车中近距离尽情观赏大摇大摆擦身而过的豹子、迈着优雅步伐散步的大象、在草原上奔驰的成群野马以及伸着懒腰的狮子。

此招一出,果真不同凡响,从世界各地来此感受动物的游客络绎不绝,坦桑尼亚国家公园因此声名大噪,享誉全球。

·女孩应该懂得的道理·

当我们确定了一个思考对象后,往往会紧紧围绕着这个对象来思考,而不考虑它和哪些因素有联系。于是,只能在一个问题上兜圈子,思路总是打不开。如果把这个对象放到更广阔的背景加以考察,就有可能发现它的更多属性,从而找到更多的出路。

 知识点链接

### 坦桑尼亚

坦桑尼亚位于非洲东部,赤道以南,是古人类发源地之一。坦桑尼亚旅游资源丰富,曾入选世界十大旅游目的地。非洲三大湖泊维多利亚湖、坦噶尼喀湖和马拉维湖均在其边境线上,海拔5895米的非洲第一高峰——乞力马扎罗山更是世界闻名。坦桑尼亚其他自然景观有恩戈罗戈罗火山口、东非大裂谷、马尼亚纳湖等,另有桑岛奴隶城、世界最古老的古人类遗址等历史人文景观。

# 做小事凭技巧，做大事凭智慧

以前有一位国王，他少了一条腿，而且一只眼睛也瞎了。但国王好大喜功，很想将他那副尊容画下来，留给后代子民瞻仰，于是请来了全国最好的画家。那个画家的确是第一流的，画得很逼真，栩栩如生，很传神，但是国王看了之后很难过，说："我这么一副残缺相，怎么传得下去！"就把画家给杀了。

**写作关键词**
技巧 智慧 栩栩如生
完美无缺 恰到好处

国王又请来第二位画家，第二位画家因有前车之鉴，不敢据实作画，就把国王画得圆满无缺，把断的腿补上去，将瞎眼也画亮了，国王看了之后更难过，说："这个不是我，你在讽刺我。"又把他给杀了。

后来又请来第三个画家，第三个画家怎么办呢？写实派的给杀了，完美派的又给杀了，画家想了好久，急中生智，就画了这样一幅场景：国王单腿跪下闭住一只眼瞄准射击，把国王的优点全部展露，把他的缺点全部掩盖。果然，这幅画国王看了之后十分满意。

·······**女孩应该懂得的道理**·······

做事光有技巧没有智慧是不行的。就像给国王画像一样，你画得再栩栩如生，你画得再完美无缺，也不如画得恰到好处有效。

### 知识点链接

**写实派**

写实派又称"现实主义画派",兴起于19世纪的欧洲,热衷于描画自然风景和农村生活。其中著名的画家有卢梭和米勒,卢梭专门描画风景,米勒的农民画朴实感人,《晚祷》《拾稻穗》等作品都反映了真实的农村生活。最著名的现实主义画家是库尔贝,他的画大部分反映底层人民的生活,如《碎石工》,他有一句名言:"我不会画天使,因为我从没有见过他。"

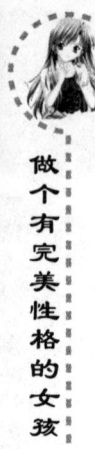

## 08 把握对方心理,思维要灵活机变

**写作关键词**
投其所好 解危 思维灵活机变

窃国大盗袁世凯窃取中华民国临时大总统的权力后,每天都做着皇帝梦。

袁世凯有个臭毛病,从25岁起就吃人参、鹿茸等补药。到了他权赫位高时,这毛病就更甚了,每天午睡后都要喝一杯参汤,由老妈子或婢女端上去。

一天,袁世凯正在午睡,一位侍婢按时端来参汤,准备供袁世凯醒后进补。谁知这位侍婢进门时不慎,将手中珍贵的羊脂玉碗打翻在地,化为碎片。玉碗的破碎声惊醒了袁世凯,他一见自己心爱的羊脂玉碗（这只碗是西太后赏给袁世凯的）被打得粉碎，气得脸色发紫，大声吼道："今天我非要你的贱命不可！"

在这生死存亡的时刻，婢女连忙跪着哭诉："这不是小人之过，小人有下情不敢上达。"

袁世凯大骂道："快说快说，看你死到临头，还编什么鬼话！"

侍婢哭着回答："小人端参汤进来，看见床上躺的不是大总统。"

"混账东西，"袁世凯更加怒不可遏，"床上不是我，能是谁？"

"小人不敢说，怕被砍头。"婢女哭声更大了。

袁世凯气得陡然立起，咬牙切齿地说："你再不说，看我不杀了你。"

"我说，我说。床上，床上……床上躺着一条五爪大金龙。婢女一见，吓得跌倒在地……"

袁世凯一听，心中不由得一阵狂喜，以为自己是真龙转世，真是要登上梦寐以求的皇帝宝座了。袁世凯怒气全消，情不自禁地拿出厚厚的一叠钞票为婢女压惊。

----------·女孩应该懂得的道理·----------

侍婢抓住了袁世凯想当皇帝的心理，投其所好，既讨好了主子，又为自己解了危，可见这位侍婢思维的灵活机变。

## 知识点链接

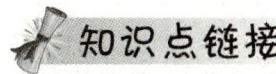

袁世凯是中国近代史上最具争议的人物之一。他清末投身行伍，官至内阁总理大臣。1911年辛亥革命后，中华民国成立，袁世凯经南北议和，就任首任大总统。任职期间，袁世凯积极发展实业，统一币制，恢复了中国对蒙古和西藏的主权，建

立了中国第一支近代化新式陆军，创立了近代化司法和教育制度。但后来袁世凯却与日本政府签订了日本干涉中国内政的"二十一条"，使其政绩蒙上污点。而且袁世凯还在杨度等立宪人士的蛊惑下复辟称帝，违背民国公意，并导致袁氏之威望彻底破产。1915年年底，前云南总督蔡锷领导护国军誓师北上讨袁，袁世凯为避免国家分裂，于次年3月22日宣布取消帝制，6月6日在郁愤中病死。

# 方法不同，结果不同

18世纪末，英国人来到澳洲，随即宣布澳洲为英国的领地。这样辽阔的大陆，怎么开发呢？当时英国没有人愿意去荒凉的澳洲。英国政府想了一个办法：把罪犯统统发配到澳洲去。

写作关键词

私人船主承包了大规模运送犯人的工作。为了便于计算，政府以上船的人数为依据支付船主费用。当时运送犯人的船只多是由破旧的货船改装的，设施极其简陋，没有储备药品，更没有随船医生，条件十分恶劣。船主为了牟取暴利，上船前尽可能多装犯人。一旦船离了岸，船主按人数拿到了钱，就对这些人的死活不闻不问了。他们把生活标准降到最低，有些船主甚至故意断水断食，致使3年间从英国运到澳洲的犯人在船上的死亡率高达12%，有一艘船上的424个犯人竟然死了158个，死亡率达37%。不仅英国政府遭受了巨大的经济和人力资源损失，英国民众对此也极为不满。

于是英国政府开始想办法改善这种状况。他们在每艘船上派一名官员监督，再派一名医生负责医疗，并对犯人的生活标准作了硬性规定。但死亡率不仅没降下来，连有的监督官和医生也不明不白地死在了船上。政府后来查清了原因：一些船主为了贪利而行贿官员，官员如果拒不顺从，就被扔进大海。一些绅士提出，把船主召集起来进行教育，有的法官建议对一些人进行严厉制裁。政府试着这样做了，但情况依然没有好转，死亡率依然居高不下。

这种方法不可取，那种方法也不行，英国政府为运送犯人问题简直伤透了脑筋。这时，一位英国议员想到了制度问题。他说，那些私人船主钻了制度的空子，而制度的缺陷在于政府付给船主的报酬是以上船人数来计算的！假如倒过来，政府以到澳洲上岸的人数为准计算报酬呢？

政府采纳了他的建议，不论在英国装了多少人，到澳洲上岸时再清点人数，依此向船主支付运费。难题一下子就迎刃而解。船主们积极聘请医生跟船，在船上准备药品，改善生活，尽可能让每一个犯人都健康抵达澳洲。因为在船上死掉一个人就意味着减少一份收入。

一段时间以后，英国政府又做了一个调查。自从实行以上岸计数的办法后，船上的死亡率降到了1%以下，有些运载几百人的船只，经过几个月的航行竟然没有一人死亡。

### ·女孩应该懂得的道理·

每一个问题的解决，必定有很多种途径。有些问题采取不同方法解决，结果没有多大差别；而有的问题，解决的方法不同，结果完全不同。

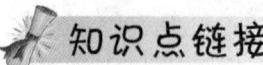

### 知识点链接

**澳洲**

澳大利亚是全球土地面积第六大的国家，南半球经济最发达的国家，有很多特有的动植物和自然景观，树袋熊、鸭嘴兽等珍稀动物都生活在澳大利亚。

# 比别人多动一分脑筋，就会比别人多一分收获

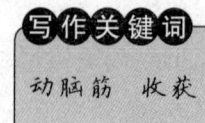

写作关键词

动脑筋　收获

汉斯是个德国农民，因爱动脑筋，常常花费比别人更少的力气，获得更大的收益，当地人都说他是个聪明人。

到了马铃薯的收获季节，德国农民就进入了最繁忙的工作时期。他们不仅要把马铃薯从地里收回来，而且还要把马铃薯运送到附近的城里去卖。为了卖个好价钱，大家都要先把马铃薯按个头分成大、中、小3类。这样做，劳动量实在太大了，每个人都在起早摸黑地干，希望快点把马铃薯运到城里赶早上市。

汉斯一家与众不同，他们根本不做分拣马铃薯的工作，而是直接把马铃薯装进麻袋里运走。汉斯一家"偷懒"的结果是，他家的

马铃薯最早上市,因此每次他赚的钱自然比别家的多。

原来,汉斯每次向城里送马铃薯时,没有开车走一般人都经过的平坦公路,而是载着装马铃薯的麻袋跑一条颠簸不平的山路。二英里路程下来,因车子的不断颠簸,小的马铃薯就落到麻袋最底部,而大的自然留在了上面。卖时仍然是大小能够分开。由于节省了时间,汉斯的马铃薯上市最早,自然价钱就能卖得更理想了。

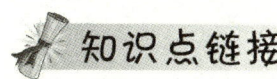·女孩应该懂得的道理·

生活当中处处都在挑战人的智力,比别人多动一分脑筋,就会比别人多一分收获。

## 知识点链接

### 马铃薯为什么不能带皮吃

有一种有毒物质叫生物碱,人体摄入大量的生物碱,会引起中毒、恶心、腹泻等反应。而这种有毒的化合物,通常多集中在马铃薯皮里,因此食用时一定要去皮,特别是要削净已变绿的皮。此外,发了芽的马铃薯毒性更强,食用时一定要去皮并把芽和芽根挖掉,放入清水中浸泡后再食用。

做个有完美性格的女孩

## 11 思维上的胜者是永远的胜者

写作关键词

智慧 钦佩 胜者

1988 年的汉城奥运会田径赛场上，女子 100 米短跑决赛即将开始，万众瞩目，人们都在拭目以待，准备亲眼见证"世界第一女飞人"的诞生。

起跑线上，一名黑人女运动员吸引了全世界的目光。她叫乔伊娜，来自美国加利福尼亚州，在几个月前的奥运会预选赛上，她一鸣惊人，以 10 秒 49 的成绩打破了 100 米世界纪录。除此之外，更加引人注目的是乔伊娜一身奇特的装扮：身着红色运动服，鲜艳夺目，款式奇特，长发披肩，十指上还留着长长的指甲，色彩斑斓。

发令枪响，乔伊娜长发飘扬，奋力奔跑，像一团火红的烈焰，第一个到达终点。在这届奥运会上，她共收获了女子 100 米、200 米、4×100 接力比赛 3 枚金牌，成为当之无愧的"世界第一女飞人"。而她那耀眼的装扮，同样给人们留下了深刻印象，并由此获得了"花蝴蝶"的美称。

乔伊娜永远是赛场上的焦点，除了别人望尘莫及的速度，还有她那与众不同的服饰。训练之余，她最大的爱好就是服装设计，尤其对色彩和样式有着超乎寻常的想象力，就连专业服装设计师也时常为之惊叹。每次参加比赛，乔伊娜只穿自己设计的运动服，惊艳登场，技压四座。以至于她每次出场的服装造型，都成了比赛中的一大看点。

乔伊娜在多年的运动生涯中，先后创造了多项世界纪录，其中两项至今无人超越。人们记住了这只美丽的"花蝴蝶"，但从来没有人知道,她为何对服装设计情有独钟。

直到乔伊娜退役之后,忽然有人问她:"为何你每次比赛都喜欢穿奇装异服?"这个问题看似有点弱智。乔伊娜嫣然一笑,终于道出了其中的秘密:"赛场上必须争分夺秒,如果对手多关注我0.1秒,我就有可能领先0.1秒,这对我来说非常宝贵。"

在此之前,人们只知道,乔伊娜是天才运动员,却很少有人清楚她的另一个身份——加利福尼亚大学心理学学士。天才的想象,总是与众不同。

·女孩应该懂得的道理·

一个拥有力量的人会得到赞赏,一个拥有智慧的人则会得到钦佩。乔伊娜不仅用速度,更用智慧征服了全世界,思维上的胜者是永远的胜者。愿你成为那个充满智慧的人。

### 知识点链接

#### 汉城奥运会

1988年,第24届奥林匹克运动会在汉城(今韩国首都首尔)举行,汉城是继东京之后第二个主办奥运会的亚洲城市。在这届奥运会上,由于苏联、民主德国及东欧等国家都参加了比赛,竞争比以往激烈很多,派出了301名运动员参赛的中国最终只获得5枚金牌、11枚银牌和12枚铜牌,总分位居第11位。

本届奥运会出现了几个英雄人物,他们成为这届奥运会上最大的亮点。前东德游泳运动员奥托一人独得6枚金牌;美国选手比昂迪在游泳项目上包揽了5枚金牌、一枚银牌和一枚铜牌;美国名将乔伊娜一人包揽了女子100米、200米、4×100接力比赛3枚金牌,并在4×400米接力项目中与队友一起夺得银牌;苏联运动员V.阿尔捷莫夫在男子体操比赛中独得个人全能、双杠、单杠3枚金牌和团体金牌。

做个有完美性格的女孩

## 12 有一种傻，它是聪明的另一种形态

**写作关键词**
聪明　智者　超越现状
出奇制胜

雅诗·兰黛是世界化妆品行业的一位奇女子。她创造了自己的化妆品帝国，成功地左右了时尚界，她的香水成为全球家喻户晓的品牌。而当初，她进军法国市场时，却曾经遇到过一些问题。

雅诗·兰黛的产品在美国市场上取得成功之后，就开始了远征欧洲大陆的进程。而作为欧洲时尚引领者的法国，就成为了她的第一个突破口。可是，天生有着时尚眼光和独特品位的法国人，根本看不上美国的化妆品。

当雅诗·兰黛的香水摆上法国的化妆品柜台时，法国人根本连正眼都没有瞧一眼。只有一些爱占小便宜的法国小市民假装试用产品，倒很多在身上，扬长而去，甚至有些人还会一次又一次地来。渐渐地，店员们有些看不惯了，她们开始向雅诗·兰黛抱怨，并纷纷献计献策，想办法来制止这些贪便宜的人。店员们七嘴八舌，认为需要在店里张贴这样的警示语：

"本店设有监控设备，请自重！"

"法国是有文化的国家，请做有教养的人！"

"贪婪是七宗罪之一！"

可是，雅诗·兰黛小姐却说："错，我们不但不张贴警示语，反而要尽量让这些人用香水，不要在乎她们占的那点小便宜。"

她的理由是，这些占小便宜的客人，会把香味带给真正的买家。

果然，店里的客人慢慢多了起来，人们不但买走了香水，还纷纷把它推荐给自己的朋友。雅诗·兰黛就是这样迅速打开了法国市场。

·女孩应该懂得的道理·

有一种傻，它是聪明的另一种形态，它更加意味深长，更具张力和弹性。所以，在无声无息的人生搏击中，那种像"傻瓜"一样的智者，往往会超越现状，出奇制胜。

知识点链接

### 雅诗·兰黛

雅诗·兰黛，顶级化妆品雅诗·兰黛的创始人，享有"美容界泰斗"的美誉。雅诗·兰黛出生于纽约皇后街贫民区一个犹太籍家庭，从小梦想摆脱贫民生活，成为万众瞩目的大明星。一次偶然的机会，雅诗·兰黛走上了研制化妆品的道路。没料到，雅诗·兰黛的事业出奇的顺利，而且一发不可收拾，最终建立了一个占据美国半壁江山的化妆品王国。不仅如此，雅诗·兰黛的公司制造的美容产品还行销世界各地，今天，化妆品雅诗·兰黛已成为被110多个国家认可的品牌。"美丽是一种态度""世界上没有丑女人，只有粗心的女人或不相信自己魅力的女人"，这是雅诗·兰黛想向全世界女人传播的美的精神。

**女孩智慧手册——女孩应具有的那些智慧**

1. 寂寞的时候,不要听慢歌,怀旧或者腻死在网上,而是要站起来做运动或者去培养自己的一种爱好。

2. 少喝果汁多吃水果,少吃零食多喝水,少坐多站,少想多看,少说多做,少怀旧多憧憬。

3. 每天树立小目标,然后努力实现。

4. 坚决不买大一号的衣服,不给自己肥胖的空间。

5. 记得自己的错误并想办法弥补,但永远不要责怪自己。

6. 愤怒的时候数到30再说话。

7. 即便只是下楼买水果,也记得别穿得太邋遢,你永远不知道会在什么时候遇上什么人。

8. 挤公车的时候不要和别人挤得太紧,给自己预留几公分空间。工作也是,学习也是。

9. 选一项喜欢的运动并且坚持下去。

10. 打电话的时候记得微笑,对方听得见。

11. 注重内心,但不忽略外表。

12. 了解潮流,但不必跟风。

# 第八章

## 克服人性的弱点，让女孩屡战屡胜

每个人都有弱点，人性的弱点是不可避免的，但我们完全可以想办法战胜自身的弱点。

主动寻找弱点，正确面对弱点，积极克服弱点，这就是我们对付弱点的最佳策略！

当弱点渐渐离去，我们身上的闪光点才会闪耀出光芒。

● 爱漂亮没错，喜欢大家追捧也没错，但不能因此而贪慕虚荣。

解说语：每个女孩都希望大家喜欢自己、追捧自己，但如果虚荣心太强，人往往就会变质，同时又常常适得其反：你得到的不是追捧，而是大家的反感。

● 学习别人的优点，懂得化嫉妒心为上进心。

解说语：每个人身上都有自己独特的优点，只会嫉妒别人优点的人是愚人，懂得欣赏和学习别人优点的人才是智者。

● 正确看待自己，正确评价自己，不做没有自知之明而又自负的傻瓜。

解说语：暂时的不完美并不可怕，可怕的是没有自知之明还自认为了不起。谦虚使人进步，自负使人止步不前、自毁形象、自取灭亡。

● 可以征求别人的意见，但绝不能做事事都依赖别人的"寄生虫"。

解说语：靠人人跑，靠山山倒，靠自己最好。没有人能够让你依赖一辈子，从现在开始锻炼自己的能力，提升自己的内涵才是最重要的。

做个有完美性格的女孩

## 01 贪慕虚荣会弄巧成拙

**写作关键词**
爱慕虚荣　漂亮　虚荣心　笑柄

从前，各种鸟在一起生活。鸟儿们都认为自己最美丽，常为此而争吵。因为鸟儿们总是叽喳叽喳吵个不停，上帝受不了了，就把鸟儿们都叫过来说："我要从你们当中选出一只最漂亮的鸟作为鸟王。"

鸟儿们都想做最漂亮的鸟王，就到河边干干净净地洗了个澡，然后开始打扮。

"我会成为最漂亮的鸟王。"

"哼！你不行，我将成为鸟王。"

乌鸦羡慕地看着鸟儿们互不相让、忙于化妆的情景，吁了口气。

"我也要成为鸟王。"

乌鸦每天徘徊于河边，或捡别的鸟儿掉下的羽毛，或拿自己的好东西换颜色漂亮的鸟儿的羽毛，然后趁别的鸟儿不注意，偷偷地插到自己的身上。

"哎？怎么回事呀？乌鸦变成一只漂亮的鸟了。"

乌鸦看到自己水中的影子，也吃了一惊。

"哎呀，真奇妙！这是我吗？啊，真漂亮！"

乌鸦忘了自己的真面目，好像自己真的变成了一只漂亮的鸟似的，得意地进入大会场。上帝从没见过这么漂亮的羽毛，就把乌鸦选为鸟王了。

"你到底是什么鸟啊?"

"第一次看到你,你从哪来的?"

"……"

乌鸦周围的鸟中有一只鸟儿发现乌鸦身上有一根羽毛是自己的。

"哎,那是我的羽毛呀!"

"对啊,那根是我的。"

"……"大家议论纷纷。

乌鸦周围的鸟儿一个个都过来拔乌鸦身上属于自己的羽毛。

乌鸦拼命想护住身上的羽毛,但无奈寡不敌众,不一会儿身上美丽的羽毛就被鸟儿拔光了,只剩下自己原来的羽毛了。乌鸦羞愧难当,慌忙跑进树丛里去了。

·女孩应该懂得的道理·

爱慕虚荣的人,要么会弄巧成拙,成为别人的笑柄;要么会适得其反,把自己搞得遍体鳞伤。

知识点链接

### 乌鸦在英国的形象

乌鸦在我国的形象多为消极,尤其是迷信的老人们认为乌鸦的叫声是死亡的征兆,但乌鸦在英国却很吃香,被英国王室视为宝贝。这是因为英国有一个传说:如果伦敦塔里所有的乌鸦离开了,不列颠王国和伦敦塔将会崩溃。为了尊重古老的传说,现在的英国政府仍然负担开支,在塔内饲养乌鸦。而且为了不让乌鸦离开伦敦塔,英国人还剪除了乌鸦的部分羽翼,让它们失去飞行能力。

## 02 嫉妒的桃树

写作关键词
嫉妒心　一较高下
荣耀　哀鸣

在果园的核桃树旁边，长着一棵桃树，它的嫉妒心很重，一看到核桃树上挂满的果实，心里就觉得很不是滋味。

"为什么核桃树结的果子要比我多呢？"桃树愤愤不平地抱怨着，"我有哪一点不如它呢？不行，明年我一定要和它比个高低，结出比它还要多的桃子。让它看看我的本事。"

"你不要无端嫉妒别人啦，"长在桃树附近的老李子树劝诫道，"难道你没有发现，核桃树有着多么粗壮的树干、多么坚韧的枝条吗？你也不动脑筋想一想，如果你也结出那么多的果实，你那瘦弱的枝干能承受得了吗？我劝你还是安分守己，老老实实地过日子吧！"

自傲的桃树可听不进李子树的忠告，嫉妒心蒙住了它的耳朵和眼睛，不管多么理性的规劝，对它都起不到任何作用了。桃树命令它的树根尽力钻得深些、再深些，要紧紧地咬住大地，把土壤中能够汲取的营养和水分统统吸收上来。它还命令树枝要使出全部的力气，拼命地开花，开得越多越好，而且要保证让所有的花朵都结出果实。

桃树的命令生效了，第二年花期一过，这棵桃树浑身上下密密麻麻地挂满了桃子。桃树高兴极了，它认为今年可以和核桃树好好比个高低了。

充盈的果汁使得桃子一天天加重了分量，渐渐地，桃树的树枝、树杈都被压弯了腰，连气都喘不过来了。它们纷纷向桃树发出请求，赶快抖掉一部分桃子，否则就要承受不住了。可是桃树不肯放弃即将到来的荣耀，它下令树枝与树杈要坚持住，不能半途而废。

这一天，不堪重负的桃树发出一阵哀鸣，紧接着就听到咔嚓一声，树干齐腰斩断了。尚未完全成熟的桃子滚落了一地，在核桃树脚下渐渐地腐烂了。

·女孩应该懂得的道理·

嫉妒是因人胜过自己而产生的忌恨心理，确切来说，每个人难免都会有这样的心理。但明智的人懂得刻意控制或化解这种心理，因为一旦被它控制，你不但会活得越来越痛苦，你的心灵也会随之扭曲。

知识点链接

### 核桃

核桃又称"胡桃""羌桃"，与扁桃、腰果、榛子一起并称为世界著名的"四大干果"。它的足迹遍及世界各地，主要分布在美洲、欧洲和亚洲很多地方，其产量除美国外，即推中国。

在国外，人称核桃"大力士食品""营养丰富的坚果""益智果"；在国内，核桃也享有"万岁子""长寿果""养人之宝"的美称。核桃对脑神经有很好的保健作用，还有丰富的营养价值，每天早晚各吃几枚核桃，往往比吃补药还好。

第八章 克服人性的弱点，让女孩屡战屡胜

做个有完美性格的女孩

## 03 贪婪者终将两手空空

战国时,齐国有个姑娘到了该出嫁的年龄,有两家人同时送来聘礼,向她父亲求婚。

**写作关键词**
占便宜 贪得无厌
两全其美 知足

东面人家的儿子长得又矮又丑,可是家中富有;西面人家的儿子倒是一表人才,只是家境贫苦。姑娘的父母左右盘算,还是决定不下来,便把女儿唤到堂上,叫她自己拿主意。

父亲见女儿低着头红着脸,一副羞答答的样子,便说:"你要是不好意思说,就袒露手臂表示一下吧,喜欢东家儿子就袒露右边,爱上西家儿子就袒露左边。"

姑娘怔了半天,把两边的手臂都袒露了出来。

"这是什么意思?"父母惊诧地问。

"我……"姑娘扭扭捏捏地说,"我想在东家吃饭,在西家住宿。"

东西两家知道这件事后,见此女如此贪婪,很快都撤了聘礼。

—————— · 女孩应该懂得的道理 · ——————

追求两全其美无可厚非,但在很多时候,鱼和熊掌是不可兼得的,贪婪的人最终将会两手空空。所以,摆正心态,知足才能常乐。

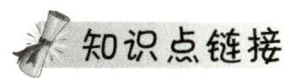
知识点链接

**战国**

战国因各诸侯国连年发生战争而得名,通常指的是公元前475年至秦始皇统一中国(公元前221年)之间的时间。早在春秋时期,天下就一直处于战乱之中,而经过这一时期的大变动,几百个小国逐渐并为7个大国和它们周围的十几个小国。这7个大国分别是齐国、楚国、燕国、韩国、赵国、魏国和秦国。

## 靠人人跑,靠山山倒,靠自己最好

有一天,小蜗牛跟着妈妈到外面散步,它总觉得自己背着个重重的壳很累,于是问妈妈:"为什么我们从生下来就要背负这个又硬又重的壳呢?"

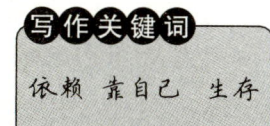

写作关键词

依赖 靠自己 生存

蜗牛妈妈说:"因为我们的身体没有骨骼的支撑,只能爬,又爬不快,我们需要硬壳的保护!"

小蜗牛又问:"毛虫姐姐没有骨头,也爬不快,为什么她却不用背这个又硬又重的壳呢?"

蜗牛妈妈回答:"因为毛虫姐姐能变成蝴蝶,天空会保护它啊!"

小蜗牛再问:"可是蚯蚓弟弟没骨头也爬不快,也不会变成蝴

蝶，它为什么不背这个又硬又重的壳呢？"

蜗牛妈妈回答："因为蚯蚓弟弟会钻土，大地会保护它啊！"

小蜗牛哭了起来，"我们好可怜，天空不保护我们，大地也不保护我们。"

蜗牛妈妈安慰它："所以我们有壳啊！"

·**女孩应该懂得的道理**·

天空会保护蝴蝶，大地会保护蚯蚓，但如果有一天，天空和大地没办法保护它们了，它们该怎么办呢？

作为女孩，现在我们可以依赖父母，依赖老师，依赖朋友，但他们可以保护我们一辈子吗？当有一天他们没有能力，也没有办法保护我们的时候，我们该怎么办呢？

所以，从现在开始，让自己拥有一颗坚强的心、一双勤劳的双手、种种出众的能力才是最重要的！靠天靠地都不如靠自己！

 **知识点链接**

### 蜗牛

蜗牛属腹足纲陆生软体动物，是世界上牙齿最多的动物，虽然它的嘴大小和针尖差不多，却有 25600 颗牙齿。蜗牛在各种文化中具有不同的象征意义：在中国，蜗牛象征缓慢、落后；在西欧则象征顽强和坚持不懈；有的民族以蜗牛的行动预测天气，苏格兰人认为，如果今天蜗牛的触角伸得很长，就意味着明天有一个好天气。

## 放下面子，虚心向他人请教

在很早的时候，森林里的鸟儿都不会唱歌。直到有一天，从很远的地方飞来了一只很会唱歌的云雀，它的歌声那么婉转动听，感动了森林里所有的鸟。

**写作关键词**
面子　真本领　厚脸皮
精神　虚心

所有的鸟一致要求云雀教它们唱歌。经不住所有鸟儿的苦苦恳求，云雀答应了。

开始教歌的第一天，云雀首先教音符。它教一声，大家就唱一声。教了一会儿，云雀为了检验学生们学习的情况，让它们一个个地站出来单独试唱。第一个点的是乌鸦。乌鸦忸忸怩怩地站了起来，不好意思地低声发出了声音。因为它的羞涩，发出的音符走了调，大家一下子哄堂大笑了起来。这样一来，乌鸦羞得脸红脖子粗，她暗地里想：嗨！多丢人呀！丑死了！

云雀制止了大家的笑，为了更准确地纠正乌鸦的发音，它请乌鸦大声再唱一遍。乌鸦却想：这不是存心丢我的面子吗？我才不愿再丢丑呢！它一声也不吭，愤恼地飞走了，从此再也不接受云雀的邀请。

云雀后来又让其他的鸟来唱。其他好多的鸟在最初几次发音也走了调，大家也同样地嘲笑了它们；但那些鸟儿却都没有像乌鸦那样飞走，而是总结经验，认真听从云雀的指导，耐心地学了

做个有完美性格的女孩

下去。

后来，森林里其他的鸟儿都学会了唱歌，声音悦耳动听，唯独乌鸦到现在还不会唱歌，偶尔叫喊几声仍然是当初走调的声音。

────────·女孩应该懂得的道理·────────

学习的道路通常不是一帆风顺的，有时候，学习是需要发扬"厚脸皮"精神的。例如，对别人的嘲笑视而不见、不厌其烦地向老师请教、多看看自己身上的优点……只有这样，学习才会一路畅通。

女孩，请记住这一点，死要面子的人是学不到本领的！放下莫须有的面子，虚心向他人请教吧！

知识点链接

### 云雀怎样求偶

云雀是一类鸣禽，飞翔时能直入云霄，故得此名。

云雀求偶非常有意思。每当想求偶的时候，雄雀就会换上鲜艳的服装，唱出悠扬的歌声，以赢得雌雀的青睐。当有情敌时，雄雀们飞上高空激烈地拼斗争夺地盘，谁赢了就是谁的。得胜的雄雀在空中唱出悠扬的歌声，招引雌雀。当雌雀在生殖期时，雄雀总在空中巡视保护雌雀，直至幼鸟长大后，雄雀就不再歌唱了。

# 拖延是行动的大敌，更是成功的大敌

一位怀孕的女士非常高兴地在丈夫的陪同下买回了一些颜色漂亮的毛线，打算为自己腹中的孩子织一身最漂亮的毛衣毛裤。可是她却迟迟没有动手，有时想拿起那些毛线编织时，她会告诉自己："先看一会儿电视吧，等一会儿再织。"等到她说的"一会儿"过去之后，可能丈夫已经下班回家了。于是她又把这件事情拖到明天，原因是"要陪丈夫聊聊天"。等到孩子快要出生了，那些毛线还像新买回的那样放在柜子里。

**写作关键词**
拖延行动 痛失良机
恶习 惰性 动力

过了一段时间，她又改变了主意，想等孩子生下来之后再织，她还说："如果是女孩子，我就织一件漂亮的毛裙，如果是男孩就织毛衣毛裤，上面一定要有漂亮的卡通图案。"

孩子生下来了，是个漂亮的男孩。在初为人母的忙忙碌碌中，孩子一天一天地渐渐长大，可是他的毛衣毛裤还没有开始织。后来，这位年轻的母亲发现，当初买的毛线已经不够给孩子织一身衣服了，于是打算只给他织一件毛衣，不过打算归打算，动手的日子却被一拖再拖。

当孩子两岁时，毛衣还没有织。

当孩子3岁时，母亲想：也许那团毛线只够给孩子织一件毛背心了，可是毛背心始终没有织成。

……

做个有完美性格的女孩

渐渐地,这位母亲已经想不起来那些毛线了。

孩子开始上小学了,一天,孩子在翻找东西时,发现了那些毛线。孩子说真好看,可惜毛线被虫子蛀蚀了,便问妈妈那些毛线是干什么用的。此时妈妈才想起自己曾经憧憬的、漂亮的、带有卡通图案的花毛衣。

·女孩应该懂得的道理·

美国著名成功学家拿破仑·希尔曾经说过:"生活就像一盘棋,我们的对手是时间,如果我们拖延行动,就会痛失良机,对手是不容许我们拖延的。"的确,拖延是一种恶习,它会滋长人的惰性,一旦产生了惰性,人便失去了成功的动力,最终是无论如何也不会成功的。

 **知识点链接**

### 拿破仑·希尔

拿破仑·希尔是美国成功学励志专家,成功学、人际学的世界顶尖培训大师,他的名字在美国可谓家喻户晓,比戴尔·卡耐基有着更高的地位。他创建的成功哲学和17项成功原则,以及他永远如火如荼的热情,鼓舞了千百万人,因此被称为"百万富翁的创造者"。

# 自私的人,必遭远离

一个农夫赶着驴子走路,狗跟在驴子后面。他们出了村子,来到一片草地上,农夫乏了,找了一块地躺下睡着了。

驴子低着头吃着草。这里的草太嫩太美了,驴子吃得格外起劲。

狗在一旁饿得不行,可青草不对狗的胃口。

狗对驴子说:"驴子大哥,请你弯下腰来。你背上的筐里有面包,我饿极了。"

驴子听见了狗的请求,却装作没听见,一个劲地地吃草。狗又请求一遍,驴子才说:"亲爱的狗兄弟,看着你饿成这个样子,我心里也很难受,可是要吃的东西,只有等主人醒来以后才能给你,他一会儿就会醒的。"

驴子说完,再也不理狗的哀求,只顾自己大口大口地吃草。

这时从村子的另一头过来一只狼,狼看到驴子在吃草,迅速冲了上来。驴子一看狼来了,吓得腿也软了,它马上向狗求救,要狗快快过来将饿狼赶走。狗躺在一旁装作没听见。

驴子大声哀求着:"狗兄弟,你赶快过来帮我一把,狼来了。"

狗扭过头说:"亲爱的驴子大哥,主人一会儿就醒了,他会对你的安全负责的,你再坚持一会儿吧。"

狗说完这话再也不理驴子了。狼扑上来了,没一会儿工夫,就把驴子的脖子咬得血肉模糊,驴子很快成了狼的晚餐。

· 女孩应该懂得的道理 ·

驴子为什么会丢掉性命？究其原因，是因为它的自私。这则小小的寓言故事也告诉我们这样一个道理：一个自私的人，别人势必会远离他，当他遇到困难的时候，也必然是没有人愿意帮助他的。

 知识点链接

### 狼与罗马城

相传，小亚细亚的特洛伊被希腊人攻破以后，有些特洛伊人逃了出来，坐船漂流到意大利半岛上。他们在台伯河定居下来，建立了自己的王国。后来，有个叫阿穆留斯的人，夺去了哥哥的王位，还杀死哥哥的儿子，流放了哥哥的女儿，并且不许她和任何人结婚。可是，战神玛尔斯却引诱阿穆留斯的侄女怀孕，生下了一对孪生兄弟——罗慕路斯和雷莫斯。阿穆留斯听到这个消息，为了永绝后患，便下令把两个孩子装在篮子里，丢进台伯河，想让河水淹死他们。

但是，这对孪生兄弟并没有死，他们被一只母狼救活，衔到自己窝里喂养。后来一位牧羊人收养了他们，并教他们习武。兄弟两人长大成人后，从牧羊人嘴里知道了自己的身世，就在老百姓的支持下，杀死了阿穆留斯。而为了感谢母狼的养育之恩，他们在母狼喂养他俩的那座山上建立了自己的城市——罗马。从这以后，罗马将狼奉为图腾。今天，罗马城仍随处可见狼的图案标志。

# 嫉妒不但会毒害自己的心灵，还会毒害自己的生活

从前，在一个城市里，有一个洗衣工和一个陶匠，各自辛苦经营自己的事业。他俩不但是邻居，年轻的时候还是很要好的朋友。陶匠一直没有交上好运，而洗衣工的日子却越过越红火。陶匠因此生出了妒嫉之心，再也不和洗衣工说话了，而且怎么看洗衣工怎么不顺眼。每到晚上，他躺在床上睡不着，便伸出拳头在黑暗中摇晃，嘟嘟囔囔地自言自语："这个流氓，为什么他一天比一天富？我也有手艺，同样有干劲，可为什么越来越穷呢？"到最后，他想出了一个叫洗衣工家破人亡的计划。

写作关键词

嫉妒 不顺眼 害人害己

第二天一早，陶匠在街上选好显眼的地点站住了，等候国王骑大象路过时，就大声喊："太害臊啦，瞧我们伟大的国王正骑在一头黑不溜秋的大象上！尤其是这头畜牲本来应该请洗衣工给洗白的呀！"

凑巧这国王是个没有头脑的人，他马上勒住大象，停下来问道："我的好百姓，你的意见的确不错，但不知这个能把黑象洗白的洗衣工师傅到哪儿才能找到？"

"我的皇上，"陶匠回答道，"一个手艺高明的洗衣工只要用上一种特殊的肥皂和一种特殊的碱面就能够把皇上的大象洗白。陛下，

您不用担心,我认识一个洗衣工师傅,他就可以做这个工作。他碰巧就是我的邻居。"

国王听了十分高兴,取下手上的红宝石戒指奖给陶匠。

国王想到自己将有一头白象了,心里十分兴奋,便调转象头,打道回宫。他立即叫人请来洗衣工,说:"现在,你把这头象牵去洗吧,7天后要给我牵回一头白象。"

洗衣工是个机灵人,一下子便明白了准是那个陶匠在国王面前捣的鬼。正当他迟疑思考这件事时,国王变得不耐烦起来,威胁说:"洗衣工,你怎么这么不痛快呢?你想保住你的脑袋吗?"

"我的皇上,"洗衣工回答,"能给您洗大象,对我而言,既是无上的光荣,也是无穷的快乐,不过,我在考虑,得有一个能盛得下这象的大盆啊。"

国王一听这话有道理,立刻同意了洗衣工的要求,把陶匠召到面前,命令他做个大盆,要大得能把大象装进去洗。

妒嫉心重的陶匠不得不花许多日子去做大盆,好不容易,把盆做出来了。洗衣工便把刷洗完的大象往盆里赶,可是象脚刚踏进盆,盆就被压成了碎片。

"陶匠,"国王命令说,"把盆做厚点。"

但不管陶匠把盆做得多厚,经大象一踩,盆就马上裂成碎片。就这样,陶匠一个接一个地做下去,直到倾家荡产,心脏破裂而死。

最后,一位大臣感叹道:"陶匠之所以会有这样的下场,是因为自己的修养不够心存嫉妒啊。"

------- **女孩应该懂得的道理** -------

一个人的嫉妒心理以及相应的嫉妒行为,除了能够让其心理得到暂时的平衡之外,根本就毫无可取之处。深受其害的嫉妒对象会远离嫉妒者,旁观者也会对嫉妒者的小人行径不满,嫉妒者以往建

立的一些人际关系也可能由此而失去和谐，变得紧张起来。让我们记住莎士比亚给予人们的这句警告："你要留心嫉妒啊，那是一个绿眼的妖魔。"

 知识点链接

### 莎士比亚

英国作家莎士比亚在文学界的地位用首屈一指来形容并不为过。虽然他只用英文写作，但这并不妨碍他闻名世界。他的作品被译为多种文字，许多国家的人都读他的著作，上演他的戏剧。正因为如此，他的朋友、著名的戏剧家本·琼斯曾给予了他高度的评价："他不只属于一个时代而属于全世纪。"莎士比亚的主要作品有四大悲剧《哈姆雷特》《奥赛罗》《李尔王》和《麦克白》，悲喜剧《罗密欧与朱丽叶》，喜剧《威尼斯商人》《仲夏夜之梦》，以及历史剧《亨利八世》。

**女孩战胜弱点手册——做到这些,你将更完美**

1. **直击懦弱。**

看一些积极的书。战胜懦弱的最好办法就是在伤口还在滴血的时候,就勇敢地站起来,然后在泪水中微笑。冬天到了,春天还会远吗?失败了,成功还会远吗?

2. **克服嫉妒。**

与其干坐着嫉妒生气,倒不如好好为自己争口气,让自己奋力直追,争取做到"后来者居上"。

3. **远离狭隘心胸。**

树立"我为人人,人人为我"的观念。只有为别人点亮一盏灯,才能照亮我们自己;只有先照亮别人,才能够照亮我们自己。

4. **控制贪婪。**

欲望和能力之间必须成正比,要不然欲望只会成为累赘。不要为金钱、地位、名誉等所迷惑,身安不如心安,心宽强过屋宽。

5. **战胜刚愎自用。**

不要轻易否定别人的看法,要善于发现别人见解的独到性。

6. **战胜自卑。**

回忆自己以前成功的方面,它可以调节你的心情,增强你的信心,让你产生向一切困难挑战的勇气。与其欣赏别人,不如欣赏自己。

7. **克服拖延。**

今日事,今日毕,立即行动,不要找借口。

# 第九章

## 气质，女孩的真正魅力

一个女孩的真正魅力主要在于其特有的气质。

诚然，美丽的容貌、时髦的服饰、精心的打扮，都能给人以美感。但是这种外表的美总是肤浅而短暂的，如同天上的流云，转瞬即逝。而气质所带来的美感则是不受年纪、服饰和打扮局限的。如果你想让自己更有魅力，那就多多修炼自己的气质吧！

- 干净、整洁是最基本的优雅。

**解说语**：长相漂不漂亮并不重要，但你的穿着和打扮会留给别人非常重要的第一印象。它是一张隐形的名片，是决定你成败的一个重要因素。

- 学会说"请""谢谢"，礼貌是大事，礼多人不怪。

**解说语**：赫尔岑曾经说过："生活中最重要的是有礼貌，它比最高的智慧，比一切学识都重要。"如果你没有智慧，没有学识，就连最基本的礼貌都不懂，那你真的是一无所有了。

● 尊重他人，才会赢得他人的尊重。

**解说语**：用傲慢无礼的态度随意地践踏他人的尊严，实际上就是把自己的尊严狠狠地摔在地上。而用尊重的态度对待身边的每一个人，也必然会赢得他人对自己的尊重。

● 优雅的气质来自不断的充实和自我培养。

**解说语**：优雅不仅仅来自得体的外表，还来自对自我的不断完善和培养。每天读半小时书、不该做的事情就一定不去做……这些事看起来很小，积少成多便会成为一种优雅的气质。

做个有完美性格的女孩

## 01 富有涵养的人，姿势必然优雅

一个人走进饭店要了酒菜，吃罢摸摸口袋发现忘了带钱，便对店老板说："店家，今日忘了带钱，改日送来。"店老板连声道"不碍事，不碍事"，并恭敬地把他送出了门。

写作关键词
动作姿态 品德 涵养 优雅

这个过程被一个无赖看到了，他也进饭店要了酒菜，吃完后摸了一下口袋，对店老板说："店家，今日忘了带钱，改日送来。"

谁知店老板脸色一变，揪住他，非剥他衣服不可。

无赖不服，说："为什么刚才那人可以赊帐，我就不行？"

店家说："人家吃菜，筷子在桌子上找齐，喝酒一盅盅地筛，斯斯文文，吃罢掏出手绢揩嘴，是个有德行的人，岂能赖我几个钱？你呢？筷子往胸前找齐，狼吞虎咽，吃上瘾来，脚踏上条凳，端起酒壶直往嘴里灌，吃罢用袖子揩嘴，分明是个居无定室、食无定餐的无赖之徒，我岂能饶你！"

一席话说得无赖哑口无言，只得留下外衣，狼狈而去。

·······•女孩应该懂得的道理•·······

动作姿势是一个人思想感情和文化修养的外在体现。一个品德端庄、富有涵养的人，姿势必然优雅；一个趣味低级、缺乏修养的人，是做不出高雅的姿势来的。在人际交往中，我们必须留意自己的形象、动作与姿势，因为这是别人了解我们的一面镜子。

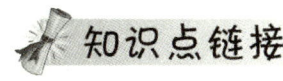 知识点链接

## 世界酒店之最

最豪华的酒店：阿联酋迪拜的阿拉伯塔（BurjAl-Arab）酒店（又叫帆船酒店），是世界上第一家7星级酒店。

最高的旋转式酒店：瑞士Allalin酒店，建在阿尔卑斯山上，海拔3500米。

首家水下酒店：以色列Red Sea Stars酒店，于1993年开业，顾客在这里就餐时可以一边吃着新鲜的海鲜，一边观看海底世界。

最奇特的酒店：西班牙ElBulli酒店，这里的独特风味可以说在世界上任何一家酒店都不会品尝到。

最大的酒店：泰国曼谷Tum Nuk Thai酒店，面积有4个足球场大，仅中央大厅一次就可接待5000多名客人，这里的所有服务员都穿着轮滑鞋为顾客服务。

最古老的酒店：法国巴黎LeGrandveyour酒店，建于1784年，法国历史上几乎所有最著名的人士都曾到过这家酒店就餐。

最小的酒店：芬兰Kuappi酒店，只有一个单独的小餐厅，餐厅内仅设两个座位，一次只招待两位顾客。

最漂亮和最雅致的酒店：莫斯科图兰多特酒店，由世界上数十家著名的设计公司设计建造，完全是仿古建筑，里面的设施是优雅高贵的宫廷式摆设。

做个有完美性格的女孩

## 02 优雅的气质来自自我的充实与培养

写作关键词

自我形象 完善 培养
优雅 气质

宋庆龄女士是国际上公认的"20世纪最伟大的女性"之一。她出身名门,毕生致力于民族和世界人民的事业,为人民解放、民族团结、国家统一、国际友好、世界和平、妇女进步与儿童福利事业的发展作出了巨大的贡献。接触过她的人都知道,具有伟大而崇高风范的她,也是一位极其优雅的魅力女性,而这一切都源自她青年时代的自我充实和自我培养。

宋庆龄从小就是一个温文尔雅的孩子。一次,妹妹美龄与几个顽皮的男孩争吵起来,双方竟用石头对打,正在这时,小庆龄走过来,站在他们中间,说:"都不许扔了,这是野蛮行为。"

宋庆龄15岁时远渡重洋到美国读书。她除了学好学校规定的课程外,还经常到图书馆浏览各种图书。升入大学后,宋庆龄更加勤奋好学。她学的专业是文学,但同时对历史、哲学也表现出浓厚的兴趣,孜孜不倦地阅读大量历史、哲学方面的书籍,博闻强记,寻奥探奇。在知识海洋的畅游中,她进一步成长为一个与众不同的女孩。

经过了青年时代的不断学习和修炼,进步思想和崇高的人生观在宋庆龄的头脑中已经深深扎下了根。她秀丽端庄,温雅娴静,雍容大方,沉着稳重,睿智坚强,言谈举止中无不流露出一种优雅的气质。也正是青年时代的这种自我培养,奠定了她日后一生做人的气质和风格，使她能在后来的人生抉择中坚持原则，不受利诱，不计利害，形成了最高境界的人格魅力。

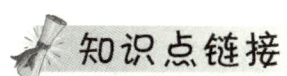

我们周围有很多人看起来很优雅，很有气质，仔细观察，其实他们的优雅不仅仅来自其得体的言行，更来自他们对自我的完善和培养，例如，定期去图书馆读书、在生活中严格要求自己等。

## 知识点链接

### 宋美龄

宋美龄，富商宋嘉树之女，与宋蔼龄、宋庆龄并称为"宋氏三姐妹"，集美貌、财富、权力、荣誉于一身，是民国政治舞台上的一个关键人物。论美貌，宋美龄曾当选美国艺术家协会颁布的"全世界十大美人"之一，并且名列榜首；论财富，宋家是当时全国最大的资本家；论权力，宋美龄嫁给了国民党最高领导人蒋介石，成为中华民国第一夫人；论荣誉，宋美龄曾被美国《时代杂志》选为封面人物和年度风云人物，她是第一位在美国国会发表演说的中国人，也是第二位女性（第一位是荷兰女王）。2003年10月23日，宋美龄在纽约逝世，享年106岁，是第二次世界大战中参战国领袖及夫人中最长寿者。

做个有完美性格的女孩

## 03 行为举止是一面自身素养的镜子

有一个女孩,每次出现在人们眼前,总是长发披肩,着装也多是以麻质的复古服装为主,让人感觉很舒服。因此,很多朋友都喜欢与她相处。她周围的人说:"这样一个淑女站在我面前,说上几句话,甚至不用说话,我就能感觉如沐春风。"她那贤惠、温柔的形象,也影响了一些异性朋友,他们纷纷表示:"娶妻当娶窈窕淑女。"

写作关键词
行为举止 素养 修养
外在美 内在涵养

但是,在一次社交聚会上,她给人的如沐春风的淑女感觉一下子消失了。因为她的举止表现让人感觉不舒服,如:在和别人说话时,她一边说一边嚼口香糖,还不断地发出声音,让人不禁皱起了眉头;在就餐时,她不时用手指掏鼻孔,以至于在座的人不断地离席而去。大家怎么也没有想到,表面看起来很淑女的女孩,在举止方面表现得如此不雅,真是美中不足。

·女孩应该懂得的道理·

一个人的行为举止就像是一面镜子,能将她的自身素养映现出来。正确而优雅的举止,往往能让一个人良好的风度和修养展现在大众面前,给他人留下美好的印象。在人际关系中,外在美固然重要,但是高雅的谈吐、优雅的举止等内在涵养的表现,却是更为人们所关注的。

 知识点链接

### 淑女法则

世间没有十全十美的人，凡人皆有长处，也难免有短处。人总是有自尊心的，交往时都不愿别人触及自己的某些缺点、隐私、不愉快事等。因此，在人际关系中，讲话人须讲求避讳，对谈话对象涉及到一些敏感的、特殊的事情时，应多为对方着想。

1. 生理上的缺陷。说话时都要避开人的生理缺陷，不得已应采取间接表达方式。如对跛脚人应客气说："你腿不方便，请先坐下。"

2. 家庭不幸。像亲属死亡、夫妻离异等，如果不是当事人主动提及，不宜唐突说起。

3. 当事人忌讳之事。在为人处事方面的短处、不体面的经历和现状，这些都是不希望他人触及的敏感点。

4. 乡俗家规方面。"入境而问禁，入国而问俗，入门而问讳。"这对于社交成败至关重要。

## 04 尊重是一种修养

写作关键词
尊重 修养 受欢迎

一天清晨,在美国纽约曼哈顿,有一位40多岁的中年妇女领着一个小男孩走进了美国著名企业"巨象集团"总部大厦楼下的私家花园,在一张长椅上坐了下来。她不停地跟孩子说着什么,似乎很生气。

不远处有一位头发花白的老人正在修剪花草。

忽然,中年妇女从包里揪出一团卫生纸,一甩将它抛到老人刚剪过的花草上。老人诧异地转过头,朝中年妇女看了一眼,中年妇女一脸不屑地看着他。老人默默地走了过去,捡起那团纸扔进一旁的垃圾箱。

过了一会儿,中年妇女又揪出一团卫生纸扔了出去。老人再次走过去把那团卫生纸捡起来扔进垃圾箱,然后回到原处继续修剪花草。可是,老人刚拿起剪刀,第三团卫生纸又落在他眼前的花草上。

就这样,老人一连捡了中年妇女扔出的五六个纸团,但他始终没有露出不满和厌烦的神色。

"你看见了吧!"中年妇女指了指修剪花草的老人对男孩说,"你如果现在不努力上学,将来就跟他一样没出息,只能做这些卑微低贱的工作!"

老人放下剪刀，走过来对中年妇女说："夫人，这里是集团的私家花园，按规定只有集团员工才能进来。"

"那当然，我就是'巨象集团'一家子公司的部门经理，我就在这座大厦里工作！"中年妇女冷傲地说着，同时掏出证件对老人晃了晃。

"我能借你的手机用一下吗？"老人不卑不亢地说。

中年妇女不情愿地把手机递给老人，又不失时机地教育儿子："你看这些人，一大把年纪连手机也买不起，你今后一定要努力啊！"

老人打完电话后把手机还给了妇女。

很快，一名男子匆匆走过来，恭恭敬敬地站在老人面前。老人对他说道："我现在提议免去这位女士在'巨象集团'的职务。"

"是，我立刻按照您的指示去办！"男子连声应道。

这时，老人用手抚摸着男孩的头，语重心长地说："我希望你明白，在这世界上最重要的，是要学会尊重每一个人。"说完，老人缓缓而去。

中年妇女认识那男子，他是"巨象集团"可以任免各级员工的一位高级主管。

"你……你怎么会对这个老园工那么尊敬呢？"她大惑不解地问。

"你说什么？老园工？他是集团总裁詹姆斯先生！"

中年妇女骤然变得目瞪口呆。

---

**· 女孩应该懂得的道理 ·**

尊重是一种修养，而一个受人喜欢的人，首先是一个有修养的人。只有你对他人表现出你的尊重之后，你也才能够为自己赢得更多的尊重。

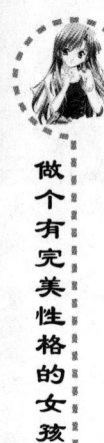

### 知识点链接

**曼哈顿**

从地图上看，曼哈顿只是一个狭长的小岛，它是美国纽约市5个区中最小的一个区，长20公里，宽4公里，面积57.7平方公里。但这小小的弹丸之地却是美国乃至世界上最富裕、最繁华的地区。世界著名金融中心——华尔街位于曼哈顿，以至于曼哈顿成为世界上最大的摩天大楼集中区，如帝国大厦、克莱斯勒大厦、洛克菲勒中心、大都会人寿保险大厦等。此外，曼哈顿还是联合国总部所在地，联合国大厦就耸立在曼哈顿。

## 微笑的价值

美国加州有一位6岁的小女孩，一次偶然的机会，遇上某个陌生的路人，陌生人一下子给了她4万美元的现款。

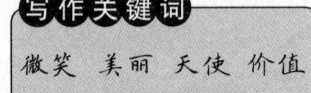

**写作关键词**

微笑 美丽 天使 价值

一个小女孩在突然间受到这么大金额的馈赠，消息一传出去，几乎整个加州都为之疯狂骚动起来。

记者纷纷找上门来，访问这个小女孩："小妹妹，你在路上遇到的那位陌生人，你认识他吗？他是你的某一位远房亲戚吗？他为什么会给你那么多的钱？4万美元啊，那是一笔很大的数字啊！那位给你钱的先生，他是不是脑筋有点问题……"

小女孩露出甜美的微笑，回答："不，我不认识他，他也不是我什么远房亲戚，我想……他脑筋应该也没有问题吧！为什么给我这么多钱，我也不知道啊……"记者尽管用尽一切方法追问，仍是完全无法一探究竟。

最后小女孩的邻居和家人，试着用小女孩熟知的方法来引导她，要她回想一下，为何这个路人会给她这么多钱。

这位小女孩努力地想了又想，约莫过了10来分钟，恍若有所悟地告诉她的父亲："就在那一天，我刚好在外面玩，路上碰到这个人，当时我记得我对着他露出了微笑，就只有这样呀！"

父亲接着问道："那么，对方有没有说什么话呢？"

小女孩想了想，答道："他好像说了句：'你天使般的微笑，化解了我多年的苦闷！'但什么是'苦闷'呢？"

原来这个路人是一个富豪，一个不是很快乐的有钱人。他脸上的表情一直是非常冷酷而严肃的；整个小镇上，根本没有人敢对着他笑。而当这位富豪突然遇到一个小女孩对着他露出真诚的微笑时，这位富豪心中不自觉地温暖了起来，他尘封不知多少年的心扉也因此打开了。

于是，富豪决定给予小女孩4万美元，这是他对那时候他所拥有的那种感觉定出的价格。

## ·女孩应该懂得的道理·

一个微笑价值4万美元！这在人们眼中简直不可思议，而在需要微笑、安慰的人看来，这并不奇怪，因为世上最好的语言莫过于微笑，一个天使般的微笑应该是无价的。

另外，微笑还是一种美容品，它会使我们的脸像花儿一样绽放，愈来愈美丽。

## 知识点链接

### 微笑的种类

微笑的种类很多很细，但归纳起来大体可分为以下几种：

1. 真诚的微笑：具有人性化的、发自内心的、真实感情的自然流露。

2. 信服的微笑：带有信任感、敬服感的内心情怀的面部表示，或是双方会心的淡淡一笑。

3. 友善的微笑：亲近和善的、友好的、原谅的、宽恕的、诙谐的轻轻一笑。

4. 喜悦的微笑：成功或胜利后的高兴、愉悦心情的自然流露。

5. 娇羞的微笑：娇溜溜、羞答答、文静静，嫩面含羞，浅笑似花。

6. 苦涩的微笑：内心的莫大酸楚或伤痛不愿意渲染外泄，只有挂在嘴边的一丝苦笑才能真正表达深刻。

7. 无奈的微笑：失意时、失败时无所求助、无所寄托、无可奈何的勉强低笑。

8. 礼仪的微笑：陌生人相见微微点头的招呼式、应酬式的浅笑，平时谦恭的、文雅的、含蓄的、深沉的或带有其他礼仪成分的浅笑。

9. 职业的微笑：服务行业或其他一些临时性宣传、表演职业，保持微笑是起码的要求，无论心情好坏，无论自己有没有微笑的动因，都需要自觉地面带笑容，这是职业的需要。

10. 虚假的微笑：不实在、无诚心、假意、做作、带有令人不可信任的笑眯眯的表情；有些时候，虚假的笑也带有良善的意味，以对亲人掩饰真实的失望和痛苦。

## 万事礼先行

**写作关键词**
礼貌待人 涵养 名片 欢迎

李卫平老师是北京一所高校的教授,一天,他正在办公室里备课,有人敲门,他习惯性地说了声"请进"。抬头一看,是一位女生,但是他并不认识,他想也许是找别的老师的。但是那位女生四下看了看,并没有确认自己找谁,张口就说道:"李卫平呢?"

这话一出口,大家都愣了一下,都往李卫平这里看,李卫平心里也很纳闷,在学校里这么多年,还没有谁直呼其名的。他脸色微微一变,但还是有礼貌地对她说:"我就是,找我有什么事吗?"

那位女生大大咧咧地说:"噢,你就是李卫平呀,我可早就听说过你了,我是××教授的学生,我的论文你给我看一下!"

原来当时有规定,论文答辩时要请一个校外的专家来指导。这位女生是外校的学生,来找李卫平教授给自己批阅论文。

李卫平到底是有涵养的人,看到这个学生这么没有礼貌,并没有发火,只是随口说道:"那你就放那里吧!"

这名女生于是把自己的论文往他的桌子上一扔,说:"你快点看呀!后天我们要论文答辩,你可别耽误我的事!"

李卫平再也无法忍受,说:"请问你是找人办事还是下达命令呢?你的论文拿走,我没有时间给你看!"

做个有完美性格的女孩

·女孩应该懂得的道理·

礼貌，看似小事，却直接影响着你的形象以及别人对你的态度，它是与人共处的金钥匙。赫尔岑曾经说过："生活中最重要的是有礼貌，它比最高的智慧，比一切学识都重要。"一个习惯于出言不逊的人，必然会遭到别人的反感，他的人际关系也会因此而搞得一团糟。

 **知识点链接**

**礼貌用语10个字："您好""请"**
**"对不起""谢谢""再见"**

见面语："早上好""下午好""晚上好""您好""很高兴认识您""请多指教""请多关照"等。

感谢语："谢谢""劳驾了""让您费心了""实在过意不去""拜托了""麻烦您""感谢您的帮助"等。

打扰对方或向对方致歉："对不起""请原谅""很抱歉""请稍等""请多包涵"等。

接受对方致谢致歉时："别客气""不用谢""没关系""请不要放在心上"等。

告别语："再见""欢迎再来""祝您一路顺风""请再来"等。

忌用语："喂""不知道""笨蛋""你不懂""你能死了""狗屁不通""猪脑袋"等。

## 谦虚,让人更富个人魅力

**写作关键词**
自以为是 居高临下
谦虚 魅力

有一位女作家被邀请参加笔会,坐在她身边的是一位匈牙利的年轻作家。

女作家衣着简朴,沉默寡言,态度谦虚。男作家不知道她是谁,认为她只是一位不入流的作家而已。

于是,他有了一种居高临下的心态。

"请问小姐,你是专业作家吗?"

"是的,先生。"

"那么,你有什么大作发表呢,是否能让我拜读一两部?"

"我只是写写小说而已,谈不上什么大作。"

男作家更加证明自己的判断了。

他说:"你也是写小说的,那么我们算是同行了,我已经出版了339部小说了,请问你出版了几部?"

"我只写了一部。"

男作家有些鄙夷,问:"噢,你只写了一部小说。那能否告诉我这本小说叫什么名字?"

"《飘》。"女作家平静地说。那位狂妄的男作家顿时目瞪口呆。

女作家的名字叫玛格丽特·米切尔,她的一生只写了一本小说。现在,我们都知道她的名字。而那位自称出版了339部小说的作家的名字,已经无从考查了。

· 女孩应该懂得的道理 ·

俗话说："满壶水不晃，半壶水晃。"生活中，那些自以为是地到处宣扬自己的人，往往是没什么成就的人；而那些真正取得了大成就的人，反而是含蓄的、深藏不露的，他们反而更受人尊敬，最容易被人们记住。以谦虚的态度为人处世，会让你显得更有魅力。

### 知识点链接

**玛格丽特·米切尔**

玛格丽特·米切尔从小就喜欢听大人讲美国南北战争的故事。26岁时，玛格丽特决定创作一部有关南北战争的小说，历时10年，终于完成了小说《飘》。

小说一经面世，其销售一直位居美国畅销书的前列，在世界上被翻译成29种文字，总共销售了近3000万册。《飘》的出版使玛格丽特几乎在一夜之间变成了当时美国文坛的名人，成了亚特兰大人人皆知的"女英雄"。

1949年8月16日，玛格丽特·米切尔逝世。她短暂的一生并未留下太多的作品，但只一部《飘》足以奠定她在世界文学史上不可动摇的地位。

# 尊重身边的每一个人

一家餐厅内，一个西装革履、神情傲慢的先生正在用餐。这时进来一对老夫妇，只见他们满面皱纹，步履蹒跚，还穿着一身过时的衣服。

写作关键词

傲慢无礼 尊严 以貌取人

真老土！这位先生想。正巧这对老夫妇坐在了他前面的一张桌子旁。他马上叫来了侍者："请把这两个人移到另一张桌子旁。"

"出什么事了吗，先生？"侍者惊奇地问。

"嗯，他们影响了我的食欲。"这位先生一边说，一边看着那边——他发现那对老夫妇只要了两份最便宜的三明治，于是更生气了，"是的，请尽快把他们移到另一张桌子去。"

侍者很为难，说："先生，这恐怕不行，因为他们也是我们的客人。"

"客人？客人也有高低贵贱之分啊！"说着他就从钱包里取出两张钞票，"这两张钞票，一张让他们走人，一张给你当小费。"

侍者还在犹豫着，这时经理走了过来。问明情况之后，他对这位先生说："好的，先生，我这就去办。"说着就拿着两张钞票过去了。

只见经理在那儿低声地和老夫妇交谈了几句，老夫妇终于露出惊喜的神色，然后好像说了声"谢谢"之类的话。不一会儿，经理折了回来。他对这位傲慢的先生说："先生，他们也给了我同样的钱，说让您走。我真是左右为难。"

做个有完美性格的女孩

"什么？让我走！为什么？"

经理故作欲言又止状。

"快说！"他愤怒了。

"他们说您影响了他们的食欲。"

"开什么玩笑！我是个有身份的人，穿着最好的衣服，还点了最贵的菜。"他气得竟然忘了在这种餐厅是不能高声说话的。

众人都把目光投向了这里。只见经理微笑着说："他们没说你的衣服，他们只是说你的傲慢无礼影响了他们的食欲。"

这位先生脸红了，他付了帐，然后匆匆地离去了。

其实那对老夫妇什么也没对经理说，倒是经理对他们说："为了欢迎你们第一次来我们餐厅，今天我们免费请你们喝红酒。"

是的，那两张钞票够喝两瓶红酒了。

---------- · 女孩应该懂得的道理 · ----------

用傲慢无礼的态度随意地践踏他人的尊严，实际上就是把自己的尊严狠狠地摔在地上。

知识点链接

### 红酒

红酒是葡萄酒的通称，并不一定特指红葡萄酒。红酒有许多分类方式。以成品颜色来说，可分为红葡萄酒、白葡萄酒及粉红葡萄酒三类。红酒的成分相当复杂，它是经自然发酵酿造出来的果酒，含有最多的是葡萄果汁，其次是经葡萄里面的糖分自然发酵而成的酒精。红葡萄酒并不是年份越老就越好，事实上，大部分（99%）的葡萄酒都不具有陈年能力。世界上生产最好最多葡萄酒的地方是法国的波多尔，它被誉为"世界的葡萄酒宝库"。

# 永远不和人作无谓的争辩

一个刚参加工作不久的女孩去参加朋友的婚礼。席间有一位年轻人在说明新郎与新娘的关系时，用了"青梅竹马"这个成语。但他为了夸耀自己的博学，还念出了一句诗："郎骑竹马来，绕床弄青梅。"这句诗是没错的，但是他却把作者记错了，原来作者是李白，而他却说是宋代女词人李清照。

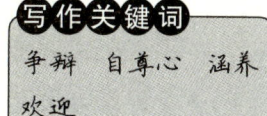

女孩中文系毕业，认为自己古典文学功底深厚，再加上年轻气盛，于是毫不客气地当着众人的面，纠正年轻人的错误。可是不说还好，这样一说，那人反倒更加坚持自己的意见了。

于是，两人开始争论，互不退让。而就在女孩和那位年轻人争论不休时，恰巧女孩看见自己的大学老师就坐在隔桌，而这位老师是专攻唐代文学的博士。于是女孩高兴地说："咱们别争了，不如找个专家给评评理。"

那个年轻人也不甘示弱地说："评理就评理，谁怕谁？"

最后，他们两人一致同意让女孩的大学老师评理。女孩满心希望老师对那个年轻人说："你错了，这首诗的作者是李白，不是李清照。"

没想到老师却对女孩说："你错了，那位先生说的才对。"

女孩为此感到非常没面子，她不相信老师这么有学问的人，竟也会忘记这首诗。回去的时候，她又去找老师，还未等她说话，老

师就说:"刚才你说对了,那首诗是李白写的《长干行》。"

女孩一听有点糊涂了,纳闷地问:"那刚才你怎么说是李清照的呢?"

老师看了看她,温和地说:"你说的一切都对,但我们都是客人,何必在那种场合给人难堪?他并未征求你的意见,只是发表自己的看法,对错根本与你无关。你与他争辩有何益处呢?在社会上工作别忘记这点:永远不和人作无谓的争辩。"

-------·女孩应该懂得的道理·-------

在公开场合因为一点无所谓的小事与别人争得面红耳赤有意义吗?不但没有意义,还会让别人觉得你是一个非常没有涵养的人。所以,我们应将"永远不和人作无谓的争辩"作为自己的座右铭。

##  知识点链接

### 李清照

李清照,号易安居士,宋代女词人,被称为"宋代最伟大的一位女词人,也是中国文学史上最伟大的一位女词人",有"千古第一才女"之美誉。

而因不同的生活际遇,李清照的词也表现出不同的风格。她前期作的词多描写悠闲生活、爱情生活、自然景物,韵调优美,如《一剪梅·红藕香残玉簟秋》;后期多慨叹身世,怀乡忆旧,情调悲伤,如《声声慢·寻寻觅觅》。

李清照的词作在艺术上达到了炉火纯青的境界,形成了自己独特的艺术风格——易安体,并在词坛中独树一帜,流传千古,被誉为"词家一大宗"。

## 女孩气质手册——如何让自己具备气质美

1. 多照镜子。

镜子并不是自恋的代名词,事实上,镜子是你忠实的朋友。通过它,你可以发现自己的优缺点。更重要的是,每天对着镜子说一遍"我很美丽",这会带给你更多的自信,唯有爱自己,才会更美丽。

2. 保持快乐的心情。

每个人最闪亮最有魅力的时候往往是他最快乐的时候。一个整日愁眉苦脸的人,通常美不到哪里去。情绪可以轻易改变一个人的气质。所以,每天都学会保持快乐的心境,你会从内到外地发光。

3. 多与你觉得充满魅力的女性沟通。

表情是可以传染的。多与笑容充满魅力的女性对话,你也会在不自觉间被感染到,学会更有魅力的表情。

4. 与不同年龄、不同类型的人交流。

一个人的魅力是通过与他人的交流而积累起来的,对于相对年轻的女性来说更是如此。在与年长或者不同类型的朋友交流时,自己的表情、语言和视线都随不同的人而有一些微妙的调整,这种交流过程会帮助你积累与人交往的魅力。

5. 找到适合自己的笑容。

自然、灿烂的笑容是予以人第一印象的最佳利器。多面对镜子练习精准又自然的微笑,检讨自己的笑是否僵硬或牵强夸张。

# 第十章

## 亲情和友情，让女孩温暖一生、感动一生

人世间的情感有很多种，亲情、友情、爱情……在这所有的情感中，含金量最高的当属亲情和友情这两种，它们是人世间不能割舍的情感，它们就像连绵不绝的海水，永不干涸……

亲情、友情4个字，贯穿于我们的一生，彰显着它的价值与分量。

这样的情，值得我们珍惜一辈子。

## 女孩爱的图释

● 爱是相互的，只有深爱着别人，才能感受到别人的爱。

解说语：人的心脏是一个非常精密的仪器，它对爱的感知却是有条件的：只有你深爱着别人，它才能感受到别人的爱。父母对你的爱、兄弟姐妹对你的爱、朋友对你的爱……都是如此。

● 幸福其实很简单，就是一家人在一起共进晚餐，与好朋友一起愉快地走在放学的路上……

解说语：很多时候，并不是我们不幸福，而恰恰是幸福太多，我们感受不到它的存在了。幸福真的很简单，能与父母在一起共进晚餐、身边有一些能谈论小秘密的好朋友……闭上眼睛想一想，你是不是很幸福？

● 与兄弟或姐妹合作，一起完成一件大事。

解说语：兄弟姐妹之间的爱是无条件的，因为他们来自同一个家庭，因为他们身体里流的是同样的血，因为他们之间有血浓于水的亲情……他们之间的感情是其他任何感情都不能替代的。

● 将你对朋友的感激和祝福写成信，并寄给他们。

解说语：心中有爱就要大声说出来。把感激和祝福告诉朋友，这是增进你们之间感情的最好捷径。

做个有完美性格的女孩

# 01

# 一个母亲一生的八个谎言

写作关键词

母爱 谎言 伟大 感动

1. 儿时,男孩的家很穷,吃饭时,饭常常不够吃,母亲就把自己碗里的饭分给孩子吃。母亲说:"孩子,快吃吧,我不饿!"

——母亲撒的第一个谎

2. 男孩长身体的时候,勤劳的母亲常用周日休息时间去县郊农村河沟里捞些鱼来给孩子补钙。鱼很好吃,鱼汤也很鲜。孩子吃鱼的时候,母亲就在一旁啃鱼骨头,用舌头舔鱼骨头上的肉渍。男孩心疼,就把自己碗里的鱼夹到母亲碗里,请母亲吃鱼。母亲不吃,又用筷子把鱼夹回男孩的碗里。母亲说:"孩子,快吃吧,我不爱吃鱼!"

——母亲撒的第二个谎

3. 上初中了,为了缴够孩子的学费,当缝纫工的母亲就去居委会领些火柴盒拿回家来,晚上糊了挣点钱补贴家用。有个冬天,男孩半夜醒来,看到母亲还躬着身子在油灯下糊火柴盒,就说:"母亲,睡了吧,明早您还要上班呢。"母亲笑笑,说:"孩子,快睡吧,我不困!"

——母亲撒的第三个谎

4. 高考那年,母亲请了假天天站在考点门口为参加高考的男孩助阵。时逢盛夏,烈日当头,固执的母亲在烈日下一站就是几个小时。考试结束的铃声响了,母亲迎上去递过一杯用罐头瓶泡好的浓茶叮嘱孩子喝了,茶亦浓,情更浓。望着母亲干裂的嘴唇和满头的汗珠,孩子将手中的罐头瓶反递过去请母亲喝。母亲说:"孩子,快

喝吧，我不渴！" ——母亲撒的第四个谎

5. 父亲病逝之后，母亲又当爹又当娘，靠着自己在缝纫社里那点微薄的收入含辛茹苦拉扯着孩子，供他们念书，日子过得苦不堪言。胡同路口电线杆下修表的李叔叔知道后，大事小事就找岔过来当个帮手，搬搬煤，挑挑水，送些钱粮来帮补孩子的家里。人非草木，孰能无情？左邻右舍对此看在眼里，记在心里，都劝母亲再嫁，何必苦了自己。然而母亲多年来却守身如玉，始终不嫁，别人再劝，母亲也断然不听。母亲说："我不爱！" ——母亲撒的第五个谎

6. 男孩大学毕业参加工作后，下了岗的母亲就在附近农贸市场摆了个小摊维持生活。身在外地工作的孩子知道后就常常寄钱回来补贴母亲，母亲坚决不要，并将钱退了回去。母亲说："我有钱！" ——母亲撒的第六个谎

7. 男孩留校任教两年，后又考取了美国一所名牌大学的博士生，毕业后留在美国一家科研机构工作，待遇相当丰厚，条件好了，身在异国的男孩想把母亲接来享享清福，却被老人回绝了。母亲说："我不习惯！" ——母亲撒的第七个谎

8. 晚年，母亲患了重病，住进了医院，远在大西洋彼岸的男孩乘飞机赶回来时，术后的母亲已是奄奄一息了。母亲老了，望着被病魔折磨得死去活来的母亲，男孩悲痛欲绝，潸然泪下。母亲却说："孩子，别哭，我不疼。" ——母亲撒的最后一个谎

说完，在"谎言"里度过了一生的母亲终于闭上了眼睛。

------------------------------ · 女孩应该懂得的道理 · ------------------------------

前苏联无产阶级革命家高尔基曾说："母爱是世间最伟大的力量。没有无私的、自我牺牲的母爱的帮助，孩子的心灵将是一片荒漠。"让我们记住这句话，珍惜母爱，守护现在拥有的幸福。

做个有完美性格的女孩

### 知识点链接

**高尔基**

　　高尔基，前苏联无产阶级作家，出身贫穷，幼年丧父，仅上过两年学，11岁就为生计在社会上奔波，当过学徒、搬运工、装卸工、面包工人。在饥寒交迫的生活中，高尔基通过顽强自学，掌握了欧洲古典文学、哲学和自然科学等方面的知识。1892年，24岁的高尔基专心从事写作，主要作品有散文诗《海燕之歌》，自传体小说三部曲《童年》《我的大学》《在人间》，以及长篇小说《母亲》。高尔基的优秀文学作品和论著成为全世界无产阶级的共同财富，列宁称他为"无产阶级艺术最杰出的代表"。

## 父亲给女儿的一封遗书

给可爱的女儿：

　　再吃10次蛋糕就可以找爸爸了……

　　爸爸和你玩了好多次捉迷藏，每次都是一下子就被你找出来。不过这一次，爸爸决定躲好久好久。你先不要找，等你14岁（还要吃完10次蛋糕）的时候，再问妈妈，爸爸躲在哪里了，好不好？

写作关键词

父爱　离别　生死　珍惜

爸爸要躲这么久，你一定会想念爸爸，对不对？不过，爸爸不能随便跑出来，不然就输了。

如果还是很想爸爸，爸爸就变魔法出现。因为是魔法，不是真的出现，所以不算犯规，爸爸不算输。

爸爸的魔法是：趁你睡觉的时候，跑到你梦里大玩游戏；在你画爸爸的时候，不管好不好看，你觉得是爸爸，就是爸爸；当你拿爸爸的照片看时，爸爸也在偷偷地看你……要记得，爸爸一直都陪着你！

你已经是4岁的大姑娘了，爸爸要拜托你一件事。要你照顾和孝顺爷爷、奶奶和妈妈，看你是不是比爸爸以前做得好。有多好，妈妈会告诉你的。

爸爸猜想，我们这一次玩捉迷藏要玩这么久，爷爷、奶奶、妈妈有时候看不到爸爸，他们一定会偷哭。偷哭就是犯规，就是失败。他们偷哭，你就要逗他们笑，不然游戏输了以后，他们一定会哭得更厉害了！

好不好，宝贝？你们是同一国的，来比赛看你们厉害，还是爸爸厉害？

准备好了吗？比赛就要开始了。

### ·女孩应该懂得的道理·

世界上最伟大的爱就是父母之爱。在这个故事中，这位即将或已经离开人间的父亲，如此温柔而又细腻地向女儿表达了自己的爱：怕自己的离去会使女儿伤心，所以用心良苦而又小心翼翼地为她设计了一个长达10年的捉迷藏游戏……天底下，没有哪一个父亲不爱自己的孩子的，趁你的父亲还在，记得要好好珍惜他对你的爱。

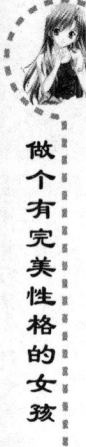

## 知识点链接

### 生日蛋糕的由来

中古时期的欧洲人相信,生日是灵魂最容易被恶魔入侵的日子,所以在生日当天,亲人朋友都会齐聚身边给予祝福,并且送蛋糕以带来好运驱逐恶魔。

生日蛋糕,最初是只有国王才有资格拥有的,流传到现在,不论是大人或小孩,都可以在生日时买个漂亮的蛋糕,享受众人给予的祝福。

# 母爱的力量

一位少妇走在回家的路上,快要到家时,她习惯地看了一下四楼自家的阳台,可爱的儿子正在阳台上期待着妈妈回来。

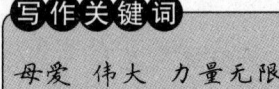

写作关键词

母爱 伟大 力量无限

当看到妈妈时,儿子开始招手,这时少妇也向孩子招手。突然,少妇意识到这样可能会有危险,但已经晚了,儿子由于要迎妈妈,身体前倾失去平衡,从阳台上掉了下来。

这时房间里的人惊呆了,纷纷跑到阳台上呼叫。当发现儿子掉下来时,这位妈妈不顾一切向阳台下冲过去,想去接住自己的儿子。这时,奇迹发生了,离阳台很远的妈妈竟然在数秒的时间内把儿子接住了,并且安然无恙。有人觉得奇怪:一个少妇怎么会跑得那样快,并能接住自己的儿子?因为当时少妇跑的速度,应该已打破百米世界记录。

后来人们找百米世界冠军做了一个试验:同样的距离,从阳台上掉下同样重量的物体,看能否接得住。结果是无论如何也接不住。再让这位少妇尝试,她也没有了当初的那种速度。最后人们总结为:母爱的力量是伟大的。

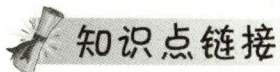·女孩应该懂得的道理·

母爱的力量是无限的,在很多时候,它可以爆发出令人想象不到的力量。

## 知识点链接

### 100米竞赛

根据史料记载,公元前776年,在希腊奥林匹克村举行的第一届古代奥林匹克运动会上就有了短跑比赛项目,不过当时的距离是176~192.27米。100米竞赛真正被列为比赛项目是在1896年举行的第一届现代奥运会——希腊雅典奥运会上。

从正式被列为比赛项目的第一天起,100米竞赛几乎被美国人垄断,奥运会、世锦赛都不例外。卡尔·刘易斯、莫里斯·格林、杰西·欧文斯、吉姆·海因斯,这些都是美国著名的短跑健将。直到2008年,一个叫博尔特的牙买加人横空出世,才打破了美国人对100竞赛的垄断。目前,世界最好的百米记录是博尔特在2009年柏林世锦赛上创造的,成绩为9秒58。

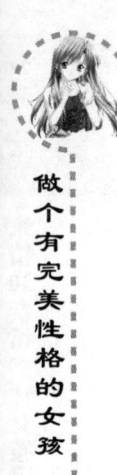

## 04

# 妈妈的账单

美国得克萨斯州有一条法律：凡年满14岁的孩子，必须身体力行为父母分担家务。

一个星期天的晚上，聪明的男孩汤姆给妈妈写下了一份账单：

汤姆帮妈妈到超级市场买食品，妈妈应付5美元；

汤姆自己起床叠被，妈妈应付两美元；

汤姆擦地板，妈妈应付3美元；

汤姆是一个听话的好孩子，妈妈应付10美元。

合计：20美元。

汤姆写完后，把纸条压在餐桌上，便上床睡觉去了。忙得满头大汗的妈妈看到这张纸条后，宽容地笑了笑，随手在上面添了几行字，放到汤姆的枕边。

醒来的汤姆，看到了这样的一张账单：

妈妈含辛茹苦地怀了汤姆10个月，汤姆应付0美元；

妈妈教汤姆走路、说话，汤姆应付0美元；

妈妈每天为汤姆做好吃的食物，汤姆应付0美元；

妈妈每个周末陪汤姆去儿童乐园，汤姆应付0美元；

妈妈每天为汤姆祈祷，希望他成为天使般可爱的小男孩，汤姆应付0美元。

合计：0美元。

> **写作关键词**
> 慷慨 宽容 施爱
> 刻骨铭心

这张纸条，至今仍被汤姆珍藏着。它告诉汤姆，真正的爱是没法计量的。

-------- ·女孩应该懂得的道理· --------

为什么妈妈如此慷慨？因为她爱得太重。为什么妈妈如此宽容？因为她爱得太深。妈妈总是给予我们很多很多的爱，而要求的是却总是那么少。人生中最大的幸福就是知道被人爱、爱别人、爱自己。把我们的爱毫不吝惜地给予别人，对于爱的承受者来说，是刻骨铭心的。

 知识点链接

### 得克萨斯州

得克萨斯州简称"得州"，是美国南方最大的一州，也是全美最大的一州。

得克萨斯州经济原以农牧业为主，全州80%的土地是农场和牧场，大型牧场和牧童是该州代表性特征之一。自1901年得克萨斯州休斯顿地区发现石油后，众多石油公司蜂拥而至，使得得克萨斯州成为全国最大的炼油中心。而随着石油工业的发展，得克萨斯州又成为了化学、电子、飞机和金属等行业的制造中心。

得克萨斯州出过的名人有美国第三十四任总统德怀特·艾森豪威尔、美国第三十六任总统林登·贝恩斯·约翰逊、政治家杰布·布什。

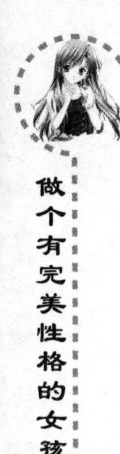

## 05 世界上最爱你的那个人是谁

很久以前，有一棵很大的苹果树……

她好爱好爱一个小男孩，男孩也每天都会跑来在她身边玩耍。

**写作关键词**
困难 需要 毫无保留 奉献

小男孩会收集苹果树的叶子，然后织成帽子，装扮成森林之王。

小男孩会沿着苹果树干爬上枝顶，抓着树枝荡秋千，他还会爬到树上摘苹果来吃。

有时，他们会一起玩捉迷藏。

当小男孩累了，他会躺在苹果树下睡觉。

小男孩好爱这棵树，苹果树好开心。

随着时间流逝，小男孩长大了……苹果树常常很孤独。

有一天，男孩出现了。

苹果树说："来吧，孩子，爬上我的树干，抓着我的树枝荡秋千，吃个苹果，在我的身边玩耍，开心一下吧。"

男孩说："我长大了，不再爬树了，我想买一些玩具来玩，我需要钱，你能给我钱吗？"

苹果树说："很抱歉，我没有钱，只有叶子和苹果。这样吧，孩子，把苹果摘去卖，你就会有钱，就会开心了。"

男孩一听，就爬上树摘下所有的苹果，走了。他很久很久都没有再来过……

有一天，当男孩长成一个真正的大人的时候，他回来了。

苹果树高兴得发抖，她说："来吧，孩子！爬上我的树干，抓着我的树枝荡秋千，快快乐乐的！"

"我太忙了，没时间爬树，"男孩说，"我必须为我的家庭工作。"

他说："我想要妻子和小孩，所以，我需要一间房子，你可以给我一间房子吗？"

"真抱歉，孩子"，树说，"我没有房子，森林就是我的房子。"

"不过，你可以砍下我的树枝去盖房子，这样你就会快乐了。"

于是，男孩砍下所有树枝，抱去造房子了。

在那之后，男孩很久也没有回来。

苹果树觉得好孤独，心里很难过。

一个炎热的夏日，男孩回来了。

苹果树非常高兴，几乎说不出话来。

苹果树轻轻说："来吧，我们一起玩。"

男孩说："我太老了，也没心情玩。我需要一只船带我远行，你能给我一只船吗？"

苹果树说："那你砍下我的树干去造船吧，这样你就可以远行，就会开心了。"

于是，男孩砍下了树干，造船，远航了。

他坐着船去了很远的地方，很久都没有再露面。

苹果树很高兴，但并不是真的。

时间又过去了许久,男孩已经变成了白发苍苍的老人,他又回到这里。

苹果树说:"很抱歉,我已经没有什么可以给你了,我没有苹果了。"

男孩说:"我的牙齿已经咬不动苹果了。"

"我没有树枝,你不能荡秋千了。"

"我已经太老,打不动了。"

"我没有树干,你不能爬上来了。"

"我已经太累,爬不动了。"

苹果树叹了口气:"我真的很遗憾,我希望自己能给你些什么,但我什么也没有了,我只是一个老树桩,真的很抱歉……"

男孩说:"我现在也不需要什么了,只想在一个安静的地方坐坐,休息一下,我太累了。"

"这样呀?"苹果树马上尽力挺挺身子,说道,"来吧,孩子,老树桩是个适合坐着休息的地方,坐下来吧,坐下来,好好休息一下。"

男孩坐下来了,苹果树高兴得流下了泪水……

·女孩应该懂得的道理·

这个故事写的不仅仅是小男孩一个人,而是我们生活中的每一个人,那棵苹果树正是我们的父母。当我们还小的时候,我们愿意和爸爸、妈妈玩,但当我们长大以后,我们便离开了他们,只是在我们遇到困难或是有需要的时候,才会想起他们。而我们的父母,不管我们对他们怎样,他们都会在那里默默地等待,像苹果树一样,把他们所拥有的一切都毫无保留地奉献给我们。

### 知识点链接

**谈父母之爱的经典名句**

如果我学得了一丝一毫的好脾气,如果我学得了一点点待人接物的和气,如果我宽恕人,体谅人……我都得感谢我的慈母。
——胡适《我的母亲》

作为男人的一生,是儿子也是父亲。前半生儿子是父亲的影子,后半生父亲是儿子的影子。 ——贾平凹《关于父子》

而有一天,她的羽衣不见了,她换上了人间的粗布——她已经决定做一个母亲。 ——张晓风《母亲的羽衣》

在那一刹那里,我才发现,原来,原来世间的所有的母亲都是这样容易受骗和容易满足的啊!在那一刹那里,我不禁流下泪来。
——席慕容《生日卡片》

## 母亲一生为你做了什么

母亲一生为我们做了什么你知道吗?看看吧:

**写作关键词**
*母爱 无私 感动*

当我们1岁的时候,她喂我们吃奶并给我们洗澡,而作为报答,我们整晚地哭着;

当我们3岁的时候,她怜爱地为我们做菜,而作为报答,我们

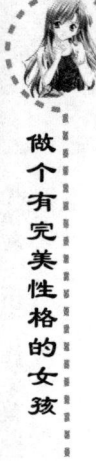

把一盘她做的菜扔在地上；

当我们4岁的时候，她给我们买下彩笔，而作为报答，我们涂了满墙的"抽象画"；

当我们5岁的时候，她给我们买了漂亮的衣服，而作为报答，我们穿着它到泥坑里玩耍；

当我们7岁的时候，她给我们买了球，而作为报答，我们用球打破了邻居的玻璃；

当我们9岁的时候，她付了很多钱给我们辅导小提琴，而作为报答，我们常常旷课并不去练习；

当我们11岁的时候，她陪我们还有我们的朋友去看电影，而作为报答，我们让她坐到另一排去；

当我们13岁的时候，她建议我们去把头发剪了，而我们却说她不懂什么是现在的时髦发型；

当我们14岁的时候，她付了我们一个月的夏令营费用，而我们却一整月没有打一个电话给她；

当我们15岁的时候，她下班回家想拥抱我们一下，而作为报答，我们转身进屋把门插上了；

当我们17岁的时候，她在等一个重要的电话，而我们却抱着电话和朋友聊了一晚上；

当我们18岁的时候，她为我们高中毕业感动得流下眼泪，而我们却跟朋友在外聚会到天亮；

当我们19岁的时候，她付了我们的大学学费又送我们到学校，我们却要求她在远点下车怕同学看见笑话；

当我们20岁的时候，她问我们"你整天去哪"，而我们回答"我不想像你一样"；

当我们23岁的时候，她给我们买家具布置我们的新家，而我们却对朋友说她买的家具真糟糕；

当我们30岁的时候，她对我们怎样照顾小孩提出劝告，而我们

却对她说"妈,时代不同了";

当我们40岁的时候,她给我们打电话,而我们回答"妈,我很忙,没时间";

当我们50岁的时候,她常常患病,需要我们的看护,而我们却在为我们的儿女奔波;

……

·女孩应该懂得的道理·

母爱是天底下最无私的爱!在享受伟大母爱的同时,你知道我们的母亲真正需要什么吗?工作了一天,晚上回家时,她希望儿女能递给她一杯热水;家务忙不过来时,她希望儿女能够帮她一下;年老退休之后,她希望儿女能够常回家看看,希望儿女能够耐心地听她说说话……

知识点链接

**抽象画**

概括地说,抽象画就是与自然物象极少或完全没有相近之处而又具强烈的形式构成面貌的绘画。它有三个内涵:首先,抽象画作品中不描绘、不表现现实世界的客观形象,也不反映现实生活;其次,没有绘画主题,无逻辑故事和理性诠释,既不表达思想也不传递个人情绪;第三,纯粹是由颜色、点、线、面、肌理构成、组合的视觉形式。

做个有完美性格的女孩

## 07 战胜死神的父爱

> 写作关键词
> 父爱 奇迹 力量

1948年,在一艘横渡大西洋的船上,有一位父亲带着他的小女儿,去和在美国的妻子会合。

海上风平浪静,晨昏瑰丽的云霓交替出现。一天早上,父亲正在舱里用腰刀削苹果,船却突然剧烈地摇晃。父亲摔倒时,刀子插在他胸口。他全身都在颤抖,嘴唇瞬间发青。

6岁的女儿被父亲瞬间的变化吓坏了,尖叫着扑过来想要扶他。他却微笑着推开女儿的手:"没事儿,只是摔了一跤。"然后轻轻地拾起刀子,很慢很慢地爬起来,不引他人注意地用大拇指揩去了刀锋上的血迹。

以后3天,父亲照常每天为女儿唱摇篮曲,清晨替她系好美丽的蝴蝶结,带她去看蔚蓝的大海,仿佛一切如常。而小女儿却没有注意到父亲每一分钟都比上一分钟更衰弱、苍白,他看向海平线的眼光是那样忧伤。

船抵达的前夜,父亲来到女儿身边,对女儿说:"明天见到妈妈的时候,请告诉妈妈,我爱她。"

女儿不解地问:"可是你明天就要见到她了,你为什么不自己告诉她呢?"

他笑了,俯身在女儿额上深深刻下一个吻。

船到纽约港了,女儿一眼便在熙熙攘攘的人群中认出了母亲,她大喊着:"妈妈!妈妈!"

就在此时，周围忽然一片惊呼，女儿一回头，看见父亲已经仰面倒下，胸口血如井喷，刹那间染红了整片天空。

尸体解剖的结果让所有人惊呆了，那把刀无比精确地洞穿了他的心脏，他却多活了3天，而且没被任何人察觉。唯一能解释的是因为创口太小，使得被切断的心肌依原样贴在一起，维持了3天的供血。

这是医学史上罕见的奇迹。医学会议上，有人说要称它为"大西洋奇迹"，有人建议以死者的名字命名，还有人说要叫它"神迹"。

"够了！"那是一位坐在首席的老医生，须发皆白，皱纹里满是人生的智慧，此刻一声大喝，然后一字一顿地说，"这个奇迹的名字，叫父亲。"

·女孩应该懂得的道理·

父亲的爱就像大山一样，高大，稳重，深沉，凝聚着伟大的力量。

很幸运，通过这个故事，你了解到了父爱的深沉和伟大，所以，放学回家后，你不妨对正在客厅里读报的父亲说一句："爸爸，有你在身边，我是幸福的。"

知识点链接

### 摇篮曲

《摇篮曲》是奥地利作曲家舒伯特创作的一首举世闻名的乐曲。这首曲子的创作背后有这样一个故事：

舒伯特在其短暂的一生中共写了600多首作品，但他一直经受着贫困和疾病的折磨，常常处于衣食无着的境地。有一次，他实在饥饿得难以忍受，当时虽身无分文，还是硬着头皮走进维也纳的一家饭馆。他的目光偶然落到桌子上的一份报纸上时，发现报上刊登着一首小诗，于是灵机一动，当场为这首小诗配上乐曲，交给店主换了一份土豆果腹，这首乐曲就是《摇篮曲》。舒伯特逝世30年后，这首乐曲的手稿在巴黎拍卖，以4万法郎的高价售出。

做个有完美性格的女孩

## 08 生命最后的姿势

写作关键词

父母之爱 伟大 奉献

　　一对夫妇是登山运动员,为庆祝他们儿子一周岁的生日,他们决定背着儿子登上7000米的雪山。他们特意挑选了一个阳光灿烂的好日子,一切准备就绪之后就踏上了征程。刚天亮时天气一如预报中的那样,太阳当空,没有风没有半片云彩。夫妇俩很快轻松地登上了5000米的高度。

　　然而,就在他们稍事休息准备向新的高度进发之时,一件意想不到的事发生了。风云突起,一时间狂风大作,雪花飞舞。气温陡降至零下三四十摄氏度。最要命的是,由于他们完全相信天气预报,从而忽略了携带至关重要的定位仪。由于风势太大,能见度不足1米,上或下都意味着危险甚至死亡。两人无奈,情急之中找到一个山洞,只好进洞暂时躲避风雪。

　　气温继续下降,妻子怀中的孩子被冻得嘴唇发紫,最主要的是他要吃奶。要知道在如此低温的环境之下,任何一寸裸露在外的皮肤都会导致体温迅速降低,时间一长就会有生命危险。怎么办?孩子的哭声越来越弱,他很快就会因为缺少食物而被饿死。

　　丈夫制止了妻子几次要喂奶的要求,他不能眼睁睁地看着妻子被冻死。然而如果不给孩子喂奶,孩子就会很快死去。妻子哀求丈夫:"就喂一次!"丈夫把妻子和儿子揽在怀中。喂过一次奶的妻子体温下降了两度,她的体能受到了严重损耗。

由于缺少定位仪，漫天风雪中救援人员根本找不到他们的位置，这意味着风如果不停他们就没有获救的希望。

时间在一分一秒地流逝，孩子需要一次又一次地喂奶，妻子的体温在一次又一次地下降。在这个风雪狂舞的5000米高山上，妻子一次又一次地重复着平常极为简单而现在却无比艰难的喂奶动作。她的生命在一次又一次的喂奶中一点点地消逝。

3天后，当救援人员赶到时，丈夫已冻昏在妻子的身旁，而他的妻子——那位伟大的母亲已被冻成一尊雕塑，她依然保持着喂奶的姿势屹立不倒。她的儿子，她用生命哺育的孩子正在丈夫怀里安然地睡眠，他脸色红润，神态安详。

为了纪念这位伟大的母亲、妻子，丈夫决定将妻子最后的姿势铸成铜像，让妻子最后的爱永远流传。

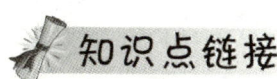

·女孩应该懂得的道理·

哺乳的姿势多么常见又简便，然而在这里，却显得那样的艰难无比。母亲用这种平凡而又伟大的姿势，义无反顾地让自己的生命悄然逝去，使怀抱着的生命得到了延续。母爱是世间最伟大的爱，虽然这种爱有时候看不见，但能被感觉到，因为这种爱是全心和无私的。

### 知识点链接

#### 登山

登山，是一项受到人们喜爱的运动，自有人类即有了登山活动（以生存为目的）。不过，登山作为一项专门的体育运动则起源于18世纪80年代的法国。1786年，法国医生巴卡罗与当地山区水晶石采掘人巴尔玛首次登上了阿尔卑斯山的最高峰——

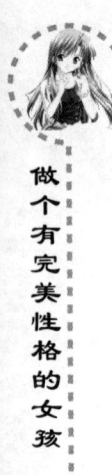

海拔4087米的勃朗峰。次年,法国科学家德·索修尔组织了一支20多人的队伍,由巴尔玛担任向导,再次登上勃朗峰。世界登山运动从此诞生,巴卡罗、巴尔玛和德·索修尔被誉为是登山运动的创始人。因为他们登上的勃朗峰属于阿尔卑斯山脉,所以登山运动又被称为"阿尔卑斯运动"。

## 09 母爱无言

有这样两个有关母亲的故事。

一个发生在游子与母亲之间。

**写作关键词**

*母亲 游子 母爱*

游子探亲期满离开故乡,母亲送他去车站。在车站,儿子旅行包的拎带突然被挤断。眼看就要到发车时间了,母亲急忙从身上解下裤腰带,把儿子的旅行包扎好。儿子问母亲怎么回家,母亲说:"不要紧,慢慢走。"

多少年来,儿子一直把母亲这根裤腰带珍藏在身边。多少年来,儿子时常在想:母亲没有裤腰带是怎样走回几里地以外的家呢?

另一个故事则发生在一个犯人同母亲之间。

探监的日子,一位来自贫困山区的老母亲,经过乘坐驴车、汽车和火车的辗转,探望服刑的儿子。在探监人五光十色的物品中,老母亲给儿子掏出用白布包着的葵花子。葵花子已经炒熟,老母亲全嗑好了,没有皮,白花花的像密密麻麻的雀舌头。

服刑的儿子接过这堆葵花子仁，手开始抖。母亲亦无言语，撩起衣襟拭眼。她千里迢迢探望儿子，卖掉了鸡蛋和小猪崽，还要节省许多开支才凑足路费。来前，在白天的劳碌后，晚上她就在煤油灯下嗑瓜子。嗑好的瓜子仁放在一起，看它们像小山一样一点点增多，没有一粒舍得自己吃。10多斤瓜子嗑亮了许多夜晚。

服刑的儿子垂着头。作为身强力壮的小伙子，正是奉养母亲的时候，他却不能。在所有探监人当中，他母亲衣着是最褴褛的。母亲一口一口嗑的瓜子，包含千言万语。儿子扑通给母亲跪下，他流着泪忏悔了。

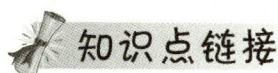

这是两个多么令人刻骨铭心的心路历程啊！这母爱深入骨髓，融入血脉，牵动着每一根神经，令风云为之变色，草木为之含悲！真挚深切的母爱散播在空气中，令人怦然心动。

母爱的深，母爱的醇，母爱的浓，母爱的久，令其他任何一种情感都逊色三分。

### 知识点链接

#### "向日葵一族"

什么是"向日葵一族"呢？人们把具有以下特征的人称为"向日葵一族"：

1. 善于发现微小幸福。
2. 没有太大野心。
3. 对负面情绪的钝感力。
4. 适当放低生活标准。
5. 选择喜欢的职业。
6. 抗压力，耐打击。

7. 随时随地地发泄压力。

8. 感恩的心态。

9. 张弛有度的生活节奏。

10. 相互赞美的心态。

11. 对生活充满热情的阳光天性。

12. 适当健忘的头脑。

13. 善于自嘲。

14. 适当的精神胜利法。

15. 8小时外有所寄托。

16. 嘴角习惯性上扬15度。

17. 拥有丰富的内涵。

# 感恩兄弟姐妹

在一个小山村里，生活着一个贫困的四口之家，父母都是农民，家里还有一个女孩和小她两岁的弟弟。弟弟从小就很懂事，处处让着姐姐。

一次，女孩看到邻居家的小红有一块漂亮的花手绢，心想要是自己也有一块就好了，于是偷偷拿了父亲抽屉里五毛钱。当天晚上，父亲就发现钱少了，把姐弟俩叫了过去，问是谁偷的。还没等女孩

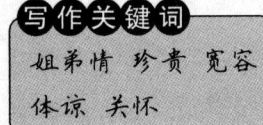

写作关键词
姐弟情 珍贵 宽容
体谅 关怀

承认，弟弟就抢先承认了。

父亲听后火冒三丈，开始狠狠地打起弟弟来，而他却只是小声哼哼着，一动不动。晚上，母亲为弟弟擦药，他已经遍体鳞伤了，女孩看在眼里，既愧疚又心疼。

后来，姐弟俩都长大了，弟弟考上了县里的重点高中，女孩那时也考上了省城的大学。父母高兴之余，非常发愁，因为家里已经没有钱供他们读书了，大学的花费更大，怎么办呢？正当父母在院子里聊这件事的时候，弟弟忽然走到父亲面前说："爸，我不想念了，我本来就不愿意学习，让我早点赚钱，供姐姐上大学吧。"听到这句话，父亲啪的一声打了弟弟一巴掌，说："没出息！什么不上！你每天晚睡早起地学，咋能说不上就不上！我就是砸锅卖铁也要把你们姐俩供出来。"说完，父亲便起身，去邻居和亲戚那儿借钱去了。女孩儿看着弟弟被打红的脸，哭着对他说："弟，你得念下去，必须念下去，男孩子不念书这辈子都走不出这穷山沟了，你就毁了。"而当时女孩已经决定，如果父亲借不到钱，就把机会让给弟弟。

可是第二天一早，女孩睁开睡眼，就发现枕边有一个纸条，上面写着："姐，你别愁了，考上大学不容易，我出去打工赚钱了，你好好学。"原来，弟弟趁大家熟睡的时候，偷偷带着几件破衣服和几个馒头走了……

后来，姐姐毕了业，到一家外资企业工作，无意中看到了弟弟在小学时写的作文："我终于能上学了，可是学校在邻村，每天我要和姐姐走上一个小时才能到家。有一天，我丢了一只手套，冻得直哭，姐姐心疼地把她的一只手套让给我了，在大雪天里走了一个晚上。到家后，姐姐的那只手冻得连筷子都拿不起来了。到现在，姐姐的那只手还时常会长冻疮。我暗自发誓，一辈子对姐姐好……"

### ·女孩应该懂得的道理·

弟弟为什么会无条件地对姐姐好？因为他们来自同一个家庭，因为他们身体里流的是同样的血，因为他们之间有亲情……请珍惜你身旁的哥哥、姐姐、弟弟、妹妹，因为他们是上帝派在你身边、陪你一起长大的天使。

 知识点链接

**外资企业**

外资企业的全称为"外商独资企业"，是指依照中国法律在中国境内设立的全部资本由外国投资者投资的企业。它是一个独立的经济实体，独立经营，独立核算，独立承担法律责任。

因为外资企业的工资高，工作环境好，管理正规，对员工的学习以及工作能力要求也很严格，所以很多年轻人以到外资企业工作为荣。

## 11 平分生命

男孩与他的妹妹相依为命，父母早逝，他是她唯一的亲人，所以男孩爱妹妹胜过爱自己。

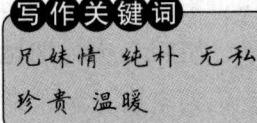
写作关键词
兄妹情 纯朴 无私
珍贵 温暖

然而灾难再次降临在这两个不幸的孩子身上，妹妹染上的重病需要输血，但医院的血液太昂贵，男孩没钱支付任何费用，尽管医院已经免去了手术的费用，但是不输血又不行，不输血妹妹就会死去。

作为妹妹唯一的亲人，男孩的血型与妹妹相符，医院问男孩是

否勇敢，是否有勇气承受抽血时的疼痛。男孩开始犹豫，10岁的他经过一番思考，终于点了点头。他仿佛作出了一个极其重大的决定，脸上洋溢着勇气与责任的神情。

抽血时男孩安静地不发出一丝声响，只是向临床的妹妹微笑。抽血后男孩躺在床上一动不动，目不转睛地看着医生将血液注入妹妹体内。一切手术完毕，男孩停止了微笑，声音颤抖地问："医生，我还能活多长时间？"

医生正想笑男孩的无知，但转念间又被男孩的勇敢震撼了——在男孩10岁的大脑中，他认为输血会失去生命，但他仍肯输血给妹妹。在那一瞬间，男孩所作出的决定付出了一生的勇敢，并下定了死亡的决心。

医生的手心渗出了汗，他握紧了男孩的手说："放心吧！你不会死的，输血不会丢掉生命。"

男孩眼中放出了光彩："真的？那我还能活多少年？"医生微笑着，摸了摸男孩的头说："你能活到100岁，小伙子，你很健康！"

男孩从床上跳到地上，高兴得又蹦又跳。他在地上转了几圈确认自己真的没事时，又挽起了胳膊——刚才被抽血的胳膊，昂起头，郑重其事地对医生说："那就把我的血抽一半给我妹妹吧！我们两个每人活50年。"

所有的人都被震惊了，这不是孩子无心的承诺，这是人类最无私最纯真的诺言。同别人平分生命，即使亲如父子，恩爱如夫妻，又有几人能如此坦诚如此心甘情愿地说出并做到呢？

### ·女孩应该懂得的道理·

我们不能不为这个小男孩身上所体现的浓浓的兄妹之情所震撼，这是一种天然、纯朴、无私的情感。我们应该珍惜这份美好的情感，好像珍惜每一份上帝恩赐给我们的礼物一样。

这样的情感，足够温暖我们一生。

### 知识点链接

#### 世界献血日

每年的6月14日,是世界献血日,或称世界献血者日。世界献血日之所以选在这一天,是因为6月14日是发现ABO血型系统的诺贝尔奖获得者、奥地利医学家卡尔·兰德斯坦纳的生日。卡尔·兰德斯坦纳的发现为输血打开了安全之门,使全世界上亿人的生命获得了新生,而为了纪念他为人类作出的卓越贡献,世界卫生组织、国际红十字会等组织在2004年发起活动,倡议将他的生日定为"世界献血者日"。该倡议得到了众多团体和组织的赞同,并在同年举行了首届纪念活动,活动的主题是"献血,赠送生命的礼物,感谢您"。

## 真正的友谊可以奉献一切

这是发生在越南的一个孤儿院里的故事。由于飞机的狂轰滥炸,一颗炸弹被扔进了这个孤儿院,几个孩子和一位工作人员被炸死了,还有几个孩子受了伤。其中有一个小女孩流了许多血,伤得很重!

幸运的是,不久后一个医疗小组来到了这里,小组只有两个人,

写作关键词

友情　宝贵　倍加珍惜

一个女医生，一个女护士。

女医生很快进行了急救，但在那个小女孩那里出了一点问题，因为小女孩流了很多血，需要输血，但是她们带来的不多的医疗用品中没有可供使用的血浆。于是，医生决定就地取材，她给在场的所有人验了血，终于发现有几个孩子的血型和这个小女孩是一样的。可是，问题又出现了，因为那个医生和护士都只会说一点点的越南语和英语，而在场的孤儿院的工作人员和孩子们只听得懂越南语。

于是，女医生尽量用自己会的越南语加上一大堆的手势告诉那几个孩子："你们的朋友伤得很重，她需要血，需要你们给她输血！"终于，孩子们点了点头，好像听懂了，但眼里却藏着一丝恐惧。

孩子们没有人吭声，没有人举手表示自己愿意献血。女医生没有料到会是这样的结局，一下子愣住了：为什么他们不肯献血来救自己的朋友呢？难道刚才对他们说的话他们没有听懂吗？

忽然，一只小手慢慢地举了起来，但是刚刚举到一半却又放下了，好一会儿又举了起来，再也没有放下！

医生很高兴，马上把那个小男孩带到临时的手术室，让他躺在床上。小男孩僵直着躺在床上，看着针管慢慢插入自己细小的胳膊，看着自己的血液一点点被抽走，眼泪不知不觉地就顺着脸颊流了下来。医生紧张地问是不是针管弄疼了他，他摇了摇头，但是眼泪还是没有止住。医生开始有一点慌了，因为她总觉得有什么地方肯定弄错了，但是到底在哪里呢？针管是不可能弄伤这个孩子的呀！

关键时候，一个越南的护士赶到了这个孤儿院。女医生把情况告诉了越南护士。越南护士忙低下身子，和床上的孩子交谈了一下，不久后，孩子竟然破涕为笑。

原来，那些孩子都误解了女医生的话，以为她要抽光一个人的血去救那个小女孩。一想到不久以后就要死了，所以小男孩才哭了出来。医生终于明白为什么刚才没有人自愿出来献血了。但是她又有一件事不明白了："既然以为献过血之后就要死了，为什么他还自

愿出来献血呢?"医生问越南护士。

于是越南护士用越南语问了一下小男孩,小男孩回答得很快,不加思索就回答了。回答很简单,只有几个字,但却感动了在场所有的人。

他说:"因为她是我最好的朋友!"

·女孩应该懂得的道理·

朋友是什么?是有好吃的,你会与她一起分享;是你遇到困难时,她无条件地帮你;是你愿意把小秘密告诉她,她也愿意耐心地倾听你的心声……与亲情、爱情一样,朋友间的感情也是人类最宝贵的情感,它值得人一辈子去珍惜。

 知识点链接

### 越南

越南属于东南亚国家。19世纪中叶,越南曾被法国入侵,随后沦为法国的殖民地。20世纪30年代,在胡志明的领导下,越南人民从殖民者手中夺回主权获得独立,并于1945年9月2日建立了越南民主共和国。

# 朋友的信任

> **写作关键词**
> 朋友 信任 震撼 灵魂

很久以前,在芬兰,有一个名叫麦克德的年轻人触犯了法律。

麦克德是个孝子,在临死之前,他希望能与远在百里之外的母亲见最后一面,以表达他对母亲的歉意,因为他不能为母亲养老送终了。他的这一要求被告知了国王。

国王感其诚孝,决定让麦克德回家与母亲相见,但条件是麦克德必须找到一个人来替他坐牢,否则他的这一愿望只能是镜中花水中月。这是一个看似简单却近乎不可能实现的条件。有谁肯冒着被杀头的危险替别人坐牢,这岂不是自寻死路?但,茫茫人海,就有人不怕死,而且真的愿意替别人坐牢,他就是麦克德的朋友修兰斯。

修兰斯住进牢房以后,麦克德回家与母亲诀别。人们都静静地看着事态的发展。日子如水,麦克德一去不回头。眼看刑期在即,麦克德也没有回来的迹象。人们一时间议论纷纷,都说修兰斯上了麦克德的当。

行刑日是个雨天,当修兰斯被押赴刑场之时,围观的人都在笑他的愚蠢,那真叫愚不可及,幸灾乐祸的人大有人在。但刑车上的修兰斯,不但面无惧色,反而有一种慷慨赴死的豪情。

追魂炮被点燃了,绞索也已经挂在修兰斯的脖子上。有胆小的人吓得紧闭双眼,他们在内心深处为修兰斯深深地惋惜,并痛恨那

个出卖朋友的小人麦克德。但是,就在这千钧一发之际,在淋漓的风雨中,麦克德飞奔而来,他高喊:"我回来了!我回来了!"

这真是人世间最感人的一幕。大多数的人都以为自己在梦中,但事实不容怀疑。这个消息宛如长了翅膀,很快便传到了国王的耳中。国王闻听此言,也以为这是痴人说梦。

国王亲自赶到刑场,他要亲眼看一看自己优秀的子民。最终,国王万分喜悦地为麦克德松了绑,并赦免了他的罪。

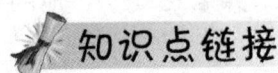

这是一个真实的故事,它不但感人,而且足以让所有人的灵魂为之一震。千百年来,有关朋友的解释有千万种,其实,只需要两个字就可以把朋友解释清楚,它就是:信任。

## 知识点链接

### 芬兰

芬兰位于欧洲北部,因最早的居民为拉普人,故芬兰又称拉普兰。芬兰有四分之一的国土处在北极圈内,所以可以看到极昼与极夜。芬兰被誉为"千湖之国"和"千岛之国",这是因为芬兰拥有众多的湖泊和岛屿。据精确统计,芬兰国内共有187888个湖泊和179584个岛屿。

芬兰是圣诞老人的故乡,芬兰人发明了桑拿浴,而且芬兰还拥有世界上最大的通讯设备供应商——诺基亚。

## 14 忘记朋友的伤害，铭记朋友的帮助

阿拉伯传说中有两个朋友在沙漠中旅行，在旅途中他们吵架了，一个给了另外一个一记耳光。被打的觉得受辱，一言不语，在沙子上写下："今天我的好朋友打了我一巴掌。"

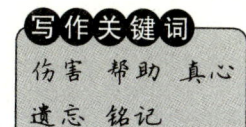

写作关键词
伤害 帮助 真心
遗忘 铭记

他们继续往前走。直到到了沃野，他们决定停下。被打巴掌的那位差点淹死，幸好被朋友救起来了。被救起后，他拿了一把小刀在石头上刻下："今天我的好朋友救了我一命。"

一旁好奇的朋友问道："为什么我打你，你把这件事写在沙子上，而现在却要刻在石头上呢？"

另一个笑笑，回答说："当被一个朋友伤害时，要写在易忘的地方，风会负责抹去它；相反的如果得到了朋友的帮助，我们要把它刻在心灵深处，那里任何风都不能抹灭它。"

・女孩应该懂得的道理・

朋友间的伤害常常是无心的，而朋友对你的帮助却是真心的。忘记那些无心的伤害，铭记那些真心的帮助，你身边的好朋友会越来越多，你得到的真心帮助也会越来越多。

## 知识点链接

**阿拉伯人**

阿拉伯人，泛指讲阿拉伯语的各族群。阿拉伯人主要分布在西亚和北非阿拉伯国家，还有一小部分分布在土耳其、伊朗、阿富汗、印度尼西亚、埃塞俄比亚、索马里、坦桑尼亚等国，绝大多数信仰伊斯兰教，极少数人信仰基督教。

阿拉伯人对世界的贡献十分重大。我们比较熟悉的是阿拉伯人在文学上的贡献，他们创作了宗教经典《古兰经》，以及被誉为民间口头创作中"最壮丽的一座里程碑"的《一千零一夜》，还有亚洲四大文豪之一的卡里·纪伯伦的诗篇，号称当代阿拉伯文学乃至全世界文学的瑰宝。

## 女孩感恩父母手册——父母在世时，我们要做的25件事

1. 定期带父母去体检。
2. 给父母零花钱。
3. 帮父母完成年轻时未完成的梦想。
4. 陪父母重游故地。
5. 与父母一起拜访他们的朋友。
6. 和父母至少照一张全家福。
7. 带父母去旅行，去他们喜欢去的地方。
8. 教父母学会发短信和上网。
9. 常回家看看，让儿女的爱永远笼罩着父母。
10. 为父母举办生日宴会。
11. 每周给父母打个电话。
12. 仔细倾听父母的往事。
13. 节假日尽量与父母共度。
14. 陪父母拉家常。
15. 帮父母做家务。
16. 父母生病时精心照顾父母。
17. 请父母去吃大餐。
18. 常带孩子回家，让父母享受儿孙之乐。
19. 为父母购买合适的保险。
20. 带父母看一场老电影。
21. 无条件支持父母的业余爱好。
22. 带母亲去做美容。
23. 和父亲一起锻炼身体。
24. 送给父母一个宠物。
25. 陪父母散步。

# 第十一章

## 勇敢坚强，赋予女孩无穷的人生动力

生活就像海洋，有风和日丽，也有狂风暴雨，只有坚强勇敢的人，才能成功到达彼岸。不惧风雨，坦然面对一切挫折和压力，生命会更加从容和优雅。

女孩，不要害怕挫折，不要惧怕压力，当暴风雨来临时，勇敢坚强地去面对。要知道，坚强勇敢并不是男孩子的专利。

● 女生不是懦弱的代名词，女生的世界里也容不下胆小鬼。

解说语：如果因为自己是女生就纵容自己胆小、懦弱，那你就out了！正因为是女生，我们才更需要锻炼自己的胆量、激发自己的能力……女生并不比男生差，也不会居于男生之下。

● 胜利就来自于下一秒钟的坚持。谁坚持得更久，谁就是最后的赢家。

解说语：学习和生活非常像一场场耐力长跑：当你精神抖擞时，别人也在精力充沛地往前奔；当你力气用尽时，别人也在跑与停之间挣扎……谁比谁多坚持一秒，谁就是最后的赢家。

● 女孩不是水做的，而是由柔软的外表和坚强的内心组成的。

解说语：眼泪是懦弱的象征，收起你的眼泪，向困难挑战吧！请相信，你是由柔软的外表和坚强的内心组成的。

● 困难和挫折是让勇敢者前进的号角，它只会让我们越挫越勇。

解说语：当困难和挫折来临时，勇敢者会接收到这样的信号：困难来临了，机遇也来临了。于是它会对自己说："做好准备，鼓足勇气往前冲的时刻到了。"只有这样的勇敢者才能登上人生的巅峰。

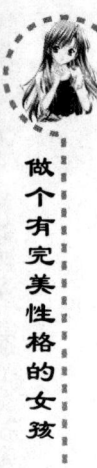

做个有完美性格的女孩

## 01

# 再坚持一下

**写作关键词**
勤奋刻苦 百折不挠 顽强的意志 坚定的信念

19个月大时,海伦突然患上了急性脑充血病,连日的高烧使她一直处于昏睡的状态。当海伦苏醒过来时,她发现自己眼前一片黑暗,也听不见任何声音,她努力地想要告诉父母自己的感受,但是父母却只看到她的嘴唇在不停地动。从那以后,她仿佛进入了一个黑暗而死寂的世界,开始在痛苦的深渊里挣扎、徘徊。

由于丧失了听力,她不能辨别自己的发音是否准确,因此难以纠正发音的正误。当她开口说话时,别人只能听到含糊不清的声音。她开始憎恶这个不公平的世界,脾气日益暴躁。

1887年,莎莉文老师来到了海伦家里,开始担任她的家庭教师。她用心地指导海伦学习、认字,并且常常运用某种方式鼓励她:"再坚持一下。"

于是,为了能清楚地发出声音,海伦开始了艰苦的训练。在老师的指导下,她拿一根小绳拴在一个金属棒上,将金属棒叼在口中,而绳子的另一端拴在手上。她学习时,手和口一起活动,每写一个字就跟着念一声。为了使写出来的字像正常人一样工整、端正,她自制了一个木框,在木框下装上了一个滑轮开始练习写字。每当海伦想要放弃时,莎莉文老师总会用手语告诉她:"再坚持一下。"

她每天自学3个小时。其中两个小时用于默记所学的知识,另外一个小时的时间用来默写自己两小时内所学的知识。学习完3个小时后,她就开始运用学过的知识进行写作。在学习与记忆的过程中,她时刻告诉自己:"我一定能够记下自己所学到的知识,我能成为一个有用的人。"于是,她每天都要坚持学习10多个小时。

经过长时间的刻苦努力,再加上百折不饶的决心,海伦很快就掌握了大量的知识,能熟练地朗诵出大量的诗词和名著的精彩片段。后来,她可以在9个小时内将一本20万字的书读完,并能够将其记忆下来,阐述出每章每节的大意,在两个小时内将书中精彩的句、段、章节和自己对文章的理解与思考写出来。此时,海伦的记忆力和学习能力已经远远超过了普通人的水平。

·女孩应该懂得的道理·

一个多世纪以来,海伦·凯勒已经成为了人们心目中不畏困难的精神榜样。在丧失视力和听力的极大困难下,她没有放弃自己,勇敢地克服一切困难,成为了优秀的作家和教育家。

我们在学习或者生活中遇到困难时,就想想海伦吧,她是运用多么顽强的意志和坚定的信念才取得这么大的成就啊!

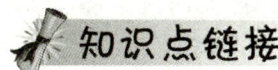

知识点链接

### 海伦·凯勒

海伦·凯勒,19世纪美国盲聋女作家、教育家、慈善家、社会活动家。她以自强不息的顽强毅力,在安妮·莎莉文老师的帮助下,掌握了英、法、德等五国语言,完成了她的一系列著作,并致力于为残疾人造福,建立慈善机构,被美国《时代周刊》评为美国十大英雄偶像,荣获"总统自由勋章"等奖项。

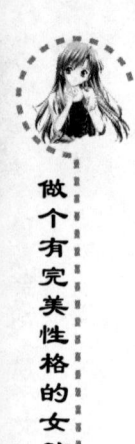

做个有完美性格的女孩

## 不要让恐惧左右自己

**写作关键词**
碰壁 灰心丧气 毫不犹豫
恐惧 勇气

一个女孩从旅游学院毕业不久，就到一家著名饭店当接待员。参加工作不久，她就遇到了一个棘手的问题。

那天，一位来自美国的客人焦急地向值班经理反映：来中国前，他就预定了美国—日本—香港—北京—哈尔滨—深圳—新加坡的联票。但是，由于疏忽，一张去哈尔滨的机票没有及时确认，预定的航班被香港航空公司取消了。这一下他急了，他到哈尔滨是去签订合同，如不能及时赶到，将造成很大的损失。

酒店的老总当即安排女孩和另外一位老接待员解决这一问题。她们一起到民航售票处，向民航的售票员介绍了有关情况，希望她能够帮忙解决这一问题。

但售票员的回答是："是香港航空公司取消的航班，和我们没有关系。"

"还有其他什么办法吗？要不重新买一张票吧。"但一问，票已经全部卖完了。

于是她们再一次向售票员重申："这是一个很重要的外国客人，如不能及时赶到会造成很大的损失。"但售票员的回答仍然是："对不起，我也无能为力。"

女孩问："难道没有别的什么办法了吗？"

售票员回答说："如果是重要客人你们可以去贵宾室试试。"

她们立即赶往贵宾室，但在门口就被拦住了，工作人员要求她们出示贵宾证。这一下她们又傻眼了。此时此刻，到哪里去办贵宾证啊？

女孩不甘心，又向工作人员重申了一遍情况，但工作人员还是不同意让她们进去。她突然动了一个念头，于是问了一句："假如买机动票，应该找谁？"

回答是："只有总经理。不过我劝你们还是别去找了，现在票紧张得很呢！"

碰了这么多次壁，同去的接待员已经灰心丧气了，她想：要找总经理，那恐怕更是没有希望。于是，她拉着女孩的手说："算了吧，肯定没希望了，还是回去吧，反正我们已经尽力了。"

那一瞬间，女孩也有点动摇了，但很快她又否定了自己的想法，还是毫不犹豫地向总经理办公室走去。见到总经理后，她将事情的来龙去脉又讲述了一遍。总经理听完以后，看着她满是汗水的脸，微微一笑，问："你从事这项工作多长时间了？"

得知她刚刚参加工作，总经理被她认真负责的态度感动了，说："我们只有一张机动票了，本来是准备留给其他重要客人的。但是你的敬业精神和对客人负责的态度让我非常感动。这样吧，票就给你了。"

当她把机票送到望眼欲穿的客人手上时，客人简直是喜出望外。酒店的总经理知道这件事后，当着所有员工的面对她进行了表扬。不久，她被破格提拔为主管。

一次，她对一个朋友讲述了这件事。朋友问她："你为何能够做到这点？"

她回答说："其实，当我的同事说一点希望也没有的时候，我也很想放弃。我已经被拒绝多次了，我也怕见到总经理后，仍然会遭到拒绝。但是，我突然想起罗斯福讲过的一句名言：'我们唯一值得恐惧的就是恐惧本身——模糊的、轻率的、毫无道理的恐惧本身。'它给了我继续努力的勇气。"

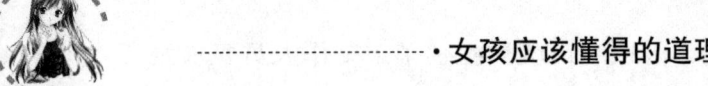

生活中，我们不可避免会遇到这样那样的困难，但实际上，问题绝大多数时候并没有我们想象的那样严重，只要我们撕破恐惧的面纱，就能很好地解决它。

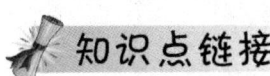

### 新加坡为什么被称为"狮城"

据马来史籍记载，公元1324年左右，苏门答腊的室利佛逝王国王子乘船到达此岛，在现今的新加坡河口无意中发现了一头动物形若狮子，于是把这座小岛取名Singapura。Singa就是狮子的意思，而Pura则代表城市，而狮子具有勇猛、雄健的特征，故以此作为地名，这就是新加坡"狮城"名称的来历。

## 困难是让勇敢者前进的号角

美国内战时期，在南方的一个庄园里，庄园主手里拿着皮鞭正在向黑奴们交代要完成的活计。这时有一个黑人小姑娘站到了庄园主的面前，庄园主问她："你站在这里干什么？"小姑娘回答说："我妈妈让我向你要一块钱。"听了这

**写作关键词**
勇往直前　永不退缩
克服

话，庄园主没有搭理她而是挥手让奴隶们都去干活。

当奴隶们都离开的时候，小姑娘并没有走开，这时庄园主有点发怒了，手自然地举起了皮鞭对着小姑娘怒吼道："你也给我走。"可是，出乎他意料的是小姑娘非但没走，反而又向他跨进了一步，并大声说道："我说了，我妈让我向你要一块钱，在我拿到钱之前，我是不会走的。"庄园主此时被小姑娘的勇气惊呆了，他已经举起的皮鞭无力地落了下来，并鬼使神差般地从腰里掏出了一块钱，送到了小姑娘的手中。

·女孩应该懂得的道理·

要达到目的就要勇往直前，一旦在困难与险阻面前永不退缩，再大的困难、再苦的逆境也会被克服。可以说，这个黑人小姑娘给我们很好地上了一课。

 知识点链接

### 美国内战

美国内战又称南北战争。美国独立后，国内存在着雇佣劳动制和黑人奴隶制。两种社会制度的矛盾日益尖锐，要求废除奴隶制的运动蓬勃发展。1860年，以反对奴隶制著名的林肯当选总统，南方几个州宣布脱离联邦而独立，妄图用战争维护黑人奴隶制，内战爆发。联邦政府在广大民众和黑人的支持下，经过4年内战，击败南方叛军。

美国内战是美国历史上一场大规模的内战，它维护了国家统一，废除了奴隶制度，进一步扫除了资本主义发展的障碍，为美国资本主义经济的起飞铺平了道路。

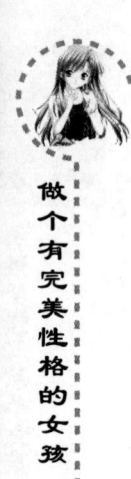

做个有完美性格的女孩

# 勇敢地说"不"

赛西莉上大学一年级时，每月有 5 镑钱做生活费，这本该够用了，可是她却时常感到拮据。有时同学邀她参加聚会，她只好说"行"，即使那意味着第二天她的午饭没有着落，也很难说"不"。

写作关键词
拒绝 勇气 拉下面子

这天上午，她的姨妈邀请她陪她去某处吃午饭。实际上，此时的赛西莉只有 20 先令了，还得维持到月底呢，可是她觉得自己"无法拒绝"。

赛西莉知道一家很实惠的小咖啡馆，在那儿可以一人花 3 先令吃顿午饭。

那样的话，她就可以剩下 14 先令用到月底了。

"哎，"姨妈说，"我们上哪儿去呢？午饭我从不吃得太多，一份就够了。咱们去一处好点儿的地方吧。"

赛西莉领着她朝那家小咖啡馆的方向走去，突然她姨妈指着街对面的那家"典雅咖啡厅"说："那儿不是挺好吗？那家咖啡厅看上去不错。"

"嗯，好吧，如果比起我们要去的地方您更喜欢那儿的话。"赛西莉这样说了，她可不能说："亲爱的姨妈，我的钱不够，不能带您去那样豪华的地方，那儿太贵了，花钱很多的。"因为她在想：或许买一份菜的钱还是够的。

264

侍者拿来了菜单，她姨妈看了一遍后说："吃这份好吗？"

那是一道法式烹饪的鸡肉，是菜单上最贵的：7先令。赛西莉为自己点了最便宜的菜——只需3先令。这样，她用到月底的钱就还剩下10先令。不，9先令，因为她还得给侍者1先令呢。

"这位女士，您还想要什么吗？"侍者说，"我们有俄式鱼子酱。"

"鱼子酱！"她姨妈叫道，"啊！对——那种俄国进口的鱼子酱，棒极了！我可以要一些吗？"

赛西莉不好说："哦，您不能，那样我用到月底的钱就只有5先令了。"

于是，她要了一大份鱼子酱，还有一杯酒以及一份鸡肉。她只剩下4先令了，4先令够买一周的奶酪面包。可是，她刚吃完鸡肉，又看见一个侍者端着奶油蛋糕走过。"嘿！"她姨妈说，"那些蛋糕看上去非常好吃，我不能不吃！就吃一个小的。"

只剩3先令了。

这时侍者又端来一些水果，她肯定该吃一些。当然，还得喝些咖啡，尤其是她们在吃了这么好的午饭之后。没有啦！甚至准备给侍者的1先令也没有了。

账单拿来了：20先令。赛西莉在盘里放了20先令，没有侍者的小费。她姨妈看了看钱，又看了看赛西莉。

"那是你全部的钱？"姨妈问。

"是的，姨妈。"

"你全用来招待我吃一顿美味的午饭，真是太好了——可是太傻了。"

"啊不，姨妈。"

"你在大学是学语言的吗？"

"对。"

"在所有的语言当中，哪个字最难念？"

"我不知道。"

做个有完美性格的女孩

"就是'不'这个字。随着你长大成人,你得学会说'不'——即使是对非常亲近的人。我早就知道你没有足够的钱上这家餐馆,可是我想让你得个教训,所以我不停地点最贵的东西,并且注意着你的表情——可怜的孩子!"姨妈付了账,并给了赛西莉5镑钱做礼物。

"天啊!"姨妈说,"这顿午餐差点儿撑死你可怜的姨妈了,我通常的午饭只是一杯牛奶。"

·女孩应该懂得的道理·

说"不"是一门艺术。如何才能鼓起勇气说"不"?如何才能恰到好处地说"不"?这首先需要几分勇气,拉下面子、鼓起勇气是说"不"的第一课。

## 知识点链接

### 哈佛大学

哈佛大学创建于1636年。美国独立战争以来,几乎所有的革命先驱都出自哈佛的门下,它被誉为"美国政府的思想库"。哈佛先后诞生了8位美国总统、40位诺贝尔奖得主和30位普利策奖得主。哈佛的一举一动决定着美国的社会发展和经济的走向,商学院案例教学声名远播,培养了微软、IBM一个个商业奇迹的缔造者。中国的林语堂、竺可桢、梁实秋、梁思成,一个个响亮的名字,都和这所世界最著名的高等学府息息相关。

# 勇敢者踏着困难前进

在休闲活动越来越走向惊险刺激的潮流之下，许多人选择了跳伞训练来挑战自己的胆识。就在一次例行的业余跳伞训练中，学员们由教练引导，鱼贯地背着降落伞登上运输机，准备进行高空跳伞。

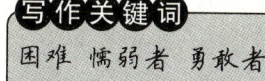

突然，不知哪个学员一声惊叫，随着这一声惊叫，大家才发现，竟然有一位盲人，带着他的导盲犬，正随着大家一起登机。更令人惊异的是，这位盲人和导盲犬的背上，也和大伙儿一样，背着一具降落伞。

飞机起飞之后，所有参加这次跳伞训练的学员们，都围着那位盲人，七嘴八舌地问他，为什么会参加这一次的跳伞训练。

其中一名学员问道："你根本看不到东西，怎么能够跳伞呢？"

盲人轻松地回答道："那有什么困难的？等飞机到了预定的高度，开始跳伞的警告广播响起，我只要抱着我的导盲犬，跟着你们一起排队往外跳，不就行了？"

另一名学员接着问道："那……你怎么知道什么时候该拉开降落伞？"

盲人答道："那更简单，教练不是教过？跳出去之后，从一数到五，我自然就会把导盲犬和我自己身上的降落伞拉开，只要我不结巴，就不会有危险！"

做个有完美性格的女孩

又有人问:"可是……落地时呢?跳伞最危险的地方,就在落地那一刻,你又该怎么办?"

盲人胸有成竹地笑道:"这还不容易!只要等到我的导盲犬吓得歇斯底里地乱叫同时手中的绳索变轻的刹那,我做好标准的落地动作,不就安全了?"

·女孩应该懂得的道理·

在困难面前,懦弱者或退却,或绕道而行,只有勇敢者知难而进,勇敢地面对困难,把它当作对自己意志的一次磨砺。很多看似不可能的事,都是缺乏勇气造成的;很多的成功,也恰是勇气铸就的。

 知识点链接

### 跳伞

跳伞是一项利用降落伞从高空跳下的体育运动,因具惊险和挑战性而被世人誉为"勇敢者的运动"。1797年10月22日,法国青年加勒林在巴黎乘坐着一个巨大的热气球升往高空,当热气球升至离地面100米的天空时,加勒林砍断系绳,放走了气球。脱离了气球的吊篮迅速朝地面坠落,这时,惊人的一幕出现了:连在吊篮上的一块白色大帆布像蘑菇一样忽然张开,载着加勒林缓缓落在地面。正是加勒林的冒险之举,拉开了人类跳伞运动的序幕。

目前,跳伞不仅是全球最为普及的航空体育项目之一,还成为了深受年轻人追捧的极限运动之一。

## 自信 + 勇敢 + 坚强 = 成功

菲律宾总统阿罗约是举世公认的伟大女性。她从小身材矮小，相貌一般，同龄人都不愿意和她一起玩，有的还暗地里叫她"侏儒"。她唯一的一位朋友怕

她承受不住打击，曾劝她退学："你家境很好，可以在家里请个老师，这样就不用来学校受他们的欺负了。"但她丝毫不把同学们的嘲笑放在眼里，拒绝了朋友的好意："长得矮有什么关系，这并不影响我学习，也不会妨碍我进行正常的社会活动，他们爱笑就让他们笑好了，我不会在乎的。"

果然，不仅学校有什么活动阿罗约会积极参加，同学之间有什么聚会即便没邀请她，她也会主动前去庆贺。虽然她在体检上不达标，但因为一次募捐演讲她第一个勇敢地走上讲台，用自己卓然傲立的姿态和精彩的演说震撼了在场的所有人，学校破例把去国外著名大学华盛顿乔治敦大学深造的机会留给了她。

毕业后，获得了经济博士学位的她，当上了政府部门的高级职员。每逢部门开会，因为怕得罪人，同事们往往很少发言，可她却每次都第一个站起来对部门的一些弊病进行严厉的批评。散会后，不少同僚都劝她："以你的条件，能在这样好的部门工作已经是奇迹了，少惹一些是非才对呀！"她却并不放在心上，仍然坚持自己的原则和一贯的为人处世作风。

做个有完美性格的女孩

后来，这位身高仅1.5米的姑娘，凭借着自己果敢的勇气和冒险精神，因在国家非常时期对政治经济大胆提出一揽子切实有效的改革建议，成为菲律宾民众拥护的新经济模式的带头人。

曾有一个民意调查，询问民众为什么选阿罗约当总统。民众公认的答案是阿罗约身上有勇气、有胆量，面对波折有不怕牺牲、不妥协后退、不怕艰险的冒险精神，这是总统人选的必备气质。菲律宾人民相信，在阿罗约的带领下，菲律宾会变得更强大。

-------·女孩应该懂得的道理·-------

面对自身条件的不够优越，面对其他同学的嘲讽，大多数女孩都会产生胆怯、害怕的心理，但阿罗约没有，她勇敢地前进着，敢于打破一切的不可能，最终她成功了。阿罗约的故事，对于我们每个胆怯的女孩来说，都是一种最大的鼓励。

知识点链接

### 乔治敦大学

乔治敦大学创建于1789年，是美国最古老的大学之一。它位于首都华盛顿市中心，坐落在白宫西北面两英里左右。乔治敦大学是美国首都华盛顿特区声誉最高的综合性私立大学，在全美3000多所大学中，综合排名第21。该大学入学门槛较高，录取率仅为19%。这所大学有"政客乐园"之称，因为联邦政府的办公厅就在咫尺之遥，不少外国使节的儿女都在这里读大学。乔治敦大学为社会培养了众多优秀的人才，著名校友有美国前总统比尔·克林顿、美国前国防部长罗伯特·盖茨、美国前国务卿奥尔布赖特、美国NBA著名球员阿伦·艾弗森、台湾亲民党主席宋楚瑜、菲律宾总统阿罗约、西班牙王储菲利普、约旦国王阿普杜拉二世等。

# 坚强勇敢的心，
# 是女孩最锐利的人生武器

美国前第一夫人希拉里·克林顿的名字之响亮甚至胜过了比尔·克林顿本人，她那睿智的眼光和独特的手腕帮助比尔·克林顿登上了总统的宝座。

写作关键词

胆小怕事 勇气 挫折 退缩

就在比尔·克林顿由于绯闻面临被弹劾的危机时，她也能紧咬牙关，一方面忍痛原谅丈夫对自己的不忠，一方面还要替丈夫考虑，力争其把总统宝座坐稳。这样一位坚毅而勇敢的女人，在世界政坛上实在无人能与之匹敌。

无可否认，希拉里·克林顿敢于挑战挫折、坚毅勇敢的性格是女人中少有的，但众人不知道的是，其实希拉里小时候也是一位胆小鬼，而改变她命运的，竟是母亲的一句很有力量的话。

在希拉里4岁的时候，她家从外地搬到芝加哥郊区的帕克里奇居住。来到一个新环境后，活泼好动的希拉里急于交上新朋友，但很快她就发现这并非易事。每当她到外面去玩耍时，邻居的孩子们不是嘲笑她就是欺负她，有时还将她推来推去或将她打倒在地。每当这时她都会哭着跑回家去，再也不出家门了。

希拉里的母亲静静地观察了几周后，终于有一天，当希拉里又一次哭着跑回家时，母亲站在门口挡住了她的去路。母亲大声对她说："回去勇敢地面对他们，我们家里容不得胆小鬼。"

做个有完美性格的女孩

希拉里只得又硬着头皮走出家门，这让那些欺负她的孩子大吃一惊，他们没料到这个小丫头会这么快又回来了。

最后，希拉里终于以自己的勇气赢得了新朋友。在以后的岁月里，每当遇到困难与挫折时，希拉里都会鼓起勇气，大胆地迎接挑战。

### ·女孩应该懂得的道理·

胆小怯懦，机遇只会从我们身边溜走。相反，面对非议，面对困境，如果我们拥有一颗坚强勇敢的心，那么任何困难都将轻松得到化解。有时候，女孩更是特别需要这种勇气，它可以让我们不胆怯、不忧虑、不惆怅，进而变得更美丽、自信、优雅和从容。

 **知识点链接**

#### 希拉里

希拉里·克林顿1947年10月26日出生于美国芝加哥一个富商家庭，从小就对各种各样的领导职位表现出极大兴趣，是学校和社团中的活跃分子。1965年，希拉里进入威尔斯利大学主修政治学，后又进入耶鲁大学法学院深造并取得法学博士学位。求学期间，希拉里结识了后来成为美国总统的比尔·克林顿。

1975年，希拉里与克林顿结婚，婚后进入美国著名的罗斯律师事务所工作，并曾两次当选全美百名杰出律师。随着克林顿1993年入主白宫，希拉里成为美国历史上学历最高的第一夫人。2000年，尚未离开白宫的希拉里宣布竞选纽约州参议员并成功当选，这使得她成为美国历史上第一位谋求公职的第一夫人。2008年，希拉里宣布参加总统大选，与奥巴马同台竞技，不过在竞选后期，希拉里突然宣布退出竞选，转而支持奥巴马。当然，希拉里的政治生涯并未完结，在奥巴马竞选成功后，他提名希拉里出任美国第67任国务卿，该提名获得了国会的批准。

# 做人生道路上的强者

一个女儿对父亲抱怨她的生活，抱怨事事都那么艰难。她不知道如何应付生活，想要自暴自弃了。她已经厌倦抗争和奋斗，好像一个问题刚解决，新的问题就又出现了。

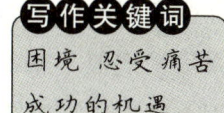

写作关键词：困境 忍受痛苦 成功的机遇

她的父亲是一位著名的厨师。他平静地听完女儿的抱怨后，微微一笑，把女儿带进厨房。他先往3只锅里倒入一些水，然后把它们放在旺火上烧。不久锅里的水烧开了。他往一只锅里放些胡萝卜，第二只锅里放入鸡蛋，最后一只锅里放入碾成粉状的咖啡豆。他将它们浸入开水中煮，一句话也没说。

女儿咂咂嘴，不耐烦地等待着，纳闷父亲在做什么。

大约20分钟后，他把火关了，把胡萝卜捞出来放入一个碗内，把鸡蛋捞出来放入另一个碗内，然后又把咖啡舀到一个杯子里。做完这些后，他才转过身问女儿："亲爱的，你看见什么了？"

"还能有什么，当然是胡萝卜、鸡蛋和咖啡了。"女儿回答说。

他让她靠近些并让她用手摸摸胡萝卜。她摸了摸，注意到它们变软了。父亲又让女儿拿一只鸡蛋并打破它。将壳剥落后，她看到的是只煮熟的鸡蛋。最后，他让她啜饮咖啡。

品尝到香浓的咖啡。女儿笑了，她怯声问道："父亲，这意味着什么？"

他解释说，这些东西面临同样的逆境——煮沸的开水，但其反

做个有完美性格的女孩

应各不相同。胡萝卜入锅之前是强壮的、结实的，毫不示弱，但进入开水后，它变软了，变弱了。鸡蛋原来是易碎的，它薄薄的外壳保护着它呈液体的内脏，但经过开水一煮，它的内脏变硬了。而粉状咖啡豆则很独特，进入沸水后，它们与水融为一体，并改变了水。

父亲说完后接着问女儿："你像它们之中的哪一个？"

现在，女儿更有些摸不着头脑了，只是怔怔地看着父亲，不知如何回答。

父亲接着说："我想问你的是，面对生活的煎熬，你是像胡萝卜那样变得软弱无力，还是像鸡蛋那样变硬变强，抑或像一把咖啡豆，身虽受损但不堕其志，无论环境多么恶劣，都向四周散发出香气，用美好的感情感染周围所有的人？简而言之，你应该成为生活道路上的强者，让你自己和周围的一切变得更美好、更漂亮、更有意义。"

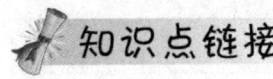

·女孩应该懂得的道理·

谁都希望自己的一生顺风顺水，但这永远只是一个美好的愿望，在你遭遇困境的时候，你是胡萝卜，是鸡蛋，还是咖啡豆呢？李嘉诚说："一个人只有面对和忍受逆境的痛苦，个人成功的机遇才能表现出来。"所以，我们还是像咖啡豆一样吧，勇敢地面对逆境，创造美好的生活。

## 知识点链接

### 李嘉诚

李嘉诚，现任长江实业集团有限公司董事局主席兼总经理。李嘉诚出生于广东潮州，12岁时为躲避日本侵略者的压迫，跟随家人逃难到香港。到香港3年后，李嘉诚的父亲病逝，身为长子的他为了养活家人，只好辍学走上社会谋生，找了一份茶楼跑堂的工作。李嘉诚还做过钟表店店员、五金厂推销员、塑料花厂工人，由于他勤奋好学、精明能干，不到20岁便升任塑料花厂的总经理。1950年，李嘉诚用省吃俭用积蓄的7000美元创办了自己的塑胶厂，他将它命名为"长江塑胶厂"（该厂为长江实业集团的前身），从此走上了创业致富之路。

2011年4月，据上海福布斯中文版杂志统计，李嘉诚以总资产260亿美元蝉联全球华人首富。

# 勇于冒一点险

有一天，龙虾与寄居蟹在深海中相遇，寄居蟹看见龙虾正把自己的硬壳脱掉，只露出娇嫩的身躯。寄居蟹非常紧张地说："龙虾，你怎么可以把唯一保护自己身躯的硬壳也放弃呢？难道你不怕有大鱼一口把你吃掉吗？以你现在的情况来看，连急流也会把你冲到岩石上去，到时你不死才怪呢！"

**写作关键词**
安全区　成就　划地自限
接受挑战　充实自我

龙虾气定神闲地回答："谢谢你的关心，但是你不了解，我们龙虾每次成长，都必须先脱掉旧壳，才能生长出更坚固的外壳，现在面对危险，只是为了将来发展得更好而作出准备。"

寄居蟹细心思量一下，心生惭愧，自己整天在找可以避居的地方，却从没想过如何令自己成长得更强壮，整天只活在别人的护荫之下，难怪自己永远都活得战战兢兢。

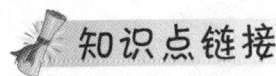

每个人都有一定的安全区，你想跨越自己目前的成就，就请不要划地自限，勇于挑战充实自我，你一定会发展得比现在更好。

## 知识点链接

### 虾的腰为什么是弯着的

我们看到的虾不管活的还是死的，总是弯着腰弓着身子，这是为什么呢？在水中世界里，常以"大鱼吃小鱼，小鱼吃虾米"来形容弱肉强食的现象。虾是水中最弱小的动物，有许多以虾为食的鱼和动物，因此，虾常会遭到敌害的袭击。当虾遇到危险时它就会弓起腰，然后猛地一弹跳得老远，之后再用尾和附肢拼命划水，虾就是常用这一弓一跳的动作来逃命的。由于虾在弹跳时方向不固定，所以常令敌害不知所措。由此可以看出，虾弓着身子弯着腰其实是它一种本能的防身术。

## 女孩勇敢手册——测试在自然灾害来临时你的勇敢度

根据玛雅预言改编的大片《2012》席卷各大电影院，是电影还是预言？突发的自然灾害总是来得那么突然，丝毫不给你思考的时间和喘息的机会。当你遭遇了灾难，你是否有足够的判断力来逃离？一起进入测试吧。（注：数字代表着接下来你该做的题号。）

1. 假如你闻到臭味，你会觉得是自己身上发出来的吗？

   是的——3　不是——2

2. 你会检查朋友手机的内容吗？

   会的——4　不会——5

3. 假如下面有三种花作为你的胸针，你会选择哪种？

   玫瑰——2　百合——4　郁金香——5

4. 你觉得自己是一个花钱无节制的人吗？

   是的——6　不是——7

5. 深夜回家的路上，你看到有人在打群架，你该怎么办？

   打电话报警——7　绕路过去——6　上前劝架——8

6. 你喜欢一个牌子的衣服就会支持到底吗？

   是的——8　不是——9

7. 你购买手机考虑的第一要素是什么？

   价格——6　外观——9　性能——10

8. 你是一个有宗教信仰的人吗？

   是的——10　不是——11

9. 你会把喜欢的歌反反复复听直到腻为止吗？

   会——11　不会——12

10. 你觉得自己会为了家人而作出很大的牺牲吗？

    会——13　不会——11

11. 你喜欢一些简单而有哲理的话吗？

喜欢——13　不喜欢——12

12. 你时常会有破罐子破摔的念头吗？

会——14　不会——15

13. 平常遇上网络调查问卷，你会很仔细地填写吗？

会——15　不会——14

14. 假如你在街上看到乞讨的乞丐，你第一念头是什么？

他们是骗子——15　他们好可怜——A　为什么他们不自食其力——C

15. 假如你登上山顶，你会做什么呢？

俯瞰风景——E　呼吸新鲜空气——D　冥想片刻——B

**分析：**

A. 你基本上算是一个随遇而安的人，不论什么事情你都能够有一种从容不迫的心态，但是当你有自己目标的时候你也会去努力。至于生死攸关的时候，你也会尽自己努力争取生存的权利。

B. 面对惊慌失措的时候，每个人都能够发挥自己的潜能。你平常生活里是一个考虑很周全的人，虽然不免有一些想太多，但是在紧急关头你也会变得很果断。

C. 天生观察力就敏锐的你，在灾难发生时最能够发挥紧急应变的效果。你的统筹规划能力很强，适合当一个领导者。

D. 虽然遇上了挫折你也会犹豫也会彷徨，也想过放弃，但是假如有人在你身边鼓励你支持你，那你就会有继续走下去的勇气。

E. 你是一个很坚强的人，固执而有自己的想法，小小的挫折基本上是打不倒你乐观积极的豁达精神的。假如你遭遇了灾难，你就会突发潜能，变得更为勇敢，除了会默默祈祷，你还会抓住每一个机会，试图改变逆境。

## 第十二章

# 感恩的心，让女孩一生有爱相伴

感恩，汉语字典对其是这样解释的：对别人所给的帮助表示感激。

当我们每个人都心怀一颗感恩之心，这个世界就会少了许多抱怨，而多了几分欢笑；我们学会感恩之后，我们的生活就会少了许多纷争，而多了几分欢笑。

● 你过生日的时候，送妈妈一束花，并对她说："妈妈，您辛苦了！"

解说语：女儿的生日，妈妈的受难日。在享受妈妈爱的同时，一定不要忘记对妈妈道一声"您辛苦了"。体谅到妈妈的辛苦和不易，爱和幸福感才会在你们之间传递。

● 记住爸爸妈妈的生日或结婚纪念日，并精心为他们准备礼物。

解说语：为爸爸妈妈准备一份惊喜，在特殊的日子送给他们。你的这份用心会使爸爸妈妈感动、欣慰，并会让他们因你的懂事而自豪。

● 教师节，亲手为老师制作一张卡片。

**解说语**：是谁让我们从懵懂无知的顽童变成满腹经纶的成人？是谁手把手地教我们汉字、算术？是谁不厌其烦地向我们传授那些人生真理？是我们的老师。教师节，请真诚地为老师送去一份祝福。

● 当别人对你微笑，当别人给你带来了好心情，当别人向你伸出援助之手时，不管你们是否相识，请用一颗感恩的心真诚地向他们致敬。

**解说语**：感恩是快乐的源泉、感动的前奏、幸福的开端……带上感恩的心上路，你和世界都会越变越美好。

做个有完美性格的女孩

## 01 最后的生命留言

**写作关键词**
生命 弥留 珍贵的礼物

当恐怖分子的飞机撞向世贸大楼时，银行家爱德华被困在南楼的56层。到处是熊熊的大火和门窗的爆裂声，他清醒地意识到自己已没有生还的可能。在生死关头，他掏出了手机。

爱德华迅速按下第一个电话。刚举起手机，楼顶忽然坍塌，一块水泥重重地将他砸翻在地。他一阵眩晕，知道时间不多了，于是改变主意按下了第二个电话。可还没等电话接通，他想起一件更为重要的事情，又拨通了第三个电话……

爱德华的遗体在废墟中被发现后，亲朋好友沉痛地赶到现场。其中有两人收到过爱德华临终前的手机信号，一个是他的助手罗纳德，一个是他的私人律师迈克，可遗憾的是，两个人都没有听到爱德华的声音。他俩查了一下，发现爱德华遇难前曾拨出过3个电话。

第三个电话是打给谁的呢？他在电话里说了什么？人们推断，很可能与爱德华的银行或者遗产归属权有关。可爱德华无儿无女，又在5年前结束了他失败的婚姻，如今只有一个瘫痪的老母亲，住在旧金山。

当晚，迈克律师赶到旧金山，见到了爱德华悲痛欲绝的母亲。母亲流着泪说："爱德华的第三个电话是打给我的。"迈克严肃地说："请原谅，夫人，我想我有权知道电话的内容，这关系到您儿子庞大的遗产归属权问题,他生前没有立下相关遗嘱。"可母亲摇摇头,说:"爱德华的遗言对你来说毫无用处,先生。我的儿子在临终前已不关心他留在人世的财富,他只对我说了一句话……"

迈克含着激动的泪水告别了这位痛失爱子的母亲。

不久,美国一家报纸在醒目的位置刊登了"9·11"灾难中一名美国公民的生命留言:妈妈,我爱你!

·女孩应该懂得的道理·

爱德华在生命的最后时刻,把时间留给了给予他生命的母亲。痛失爱子的母亲是遗憾的,但同时又是欣慰的,因为儿子在生命弥留之际献给了她一个最为珍贵的礼物。人的一生,总是转眼即过,所以,及时告诉身边的人这样一句话吧:谢谢你,我很在意你,我爱你。

知识点链接

### 9·11事件

"9·11事件"又称"911恐怖袭击事件""美国911事件"等,指的是美国东部时间2001年9月11日上午(北京时间9月11日晚上)恐怖分子劫持的4架民航客机撞击美国纽约世界贸易中心和华盛顿五角大楼的历史事件。

在9·11事件中共有2998人遇难,其中2974人被官方证实死亡,另外还有24人下落不明。遇难人员名单中包括4架飞机上的全部乘客共246人、世贸中心2603人、五角大楼125人。共有411名救援人员在此事件中殉职。

9·11事件是人类历史上迄今为止最严重的恐怖袭击事件,也是继第二次世界大战期间珍珠港事件后历史上第二次对美国造成重大伤亡的袭击。

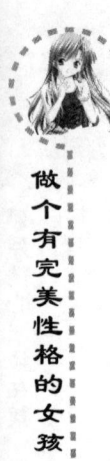

## 02 送往公墓的生日礼物

午后的天灰蒙蒙的，乌云很厚，没有一点风，天似乎有要下雨的迹象，就像一个人要打喷嚏，可是又打不出来，实在很难受。

写作关键词

父母之爱 无私 回报 孝心

多尔先生情绪很低落，他最烦在这样的天气出差。因为生计的关系，他要转车到休斯敦。开车的时间还有两个小时，他在站前广场上漫步，借以打发时间。

"太太，行行好。"声音吸引了他的注意力。随声音望去，他看见前面不远处一个衣衫褴褛的小男孩伸出鹰爪样的小黑手，尾随着一位贵妇人。那个妇女牵着一条毛色纯正发亮的小狗急匆匆地赶路，生怕小黑手弄脏了她的衣服。

"可怜可怜，我3天没有吃东西了，给1美元也行。"

考虑到甩不掉这个乞丐，妇女转回身，怒喝一声："滚！这么点小孩就会做生意了！"小乞丐站住脚，满脸失望。

真是缺一行不成世界！多尔先生想。听说专门有一种人靠乞讨为生，甚至还有发大财的呢。还有一些人专门指使一帮孩子乞讨，利用人们的同情心，说不定这些大人就站在附近观察呢，说不定这些人就是孩子的父母，如果孩子完不成定额，回去就要挨处罚。不管怎么说，孩子也怪可怜的，这个年龄本来该上学，在课堂里学习。这个孩子跟自己的儿子年龄相仿，可是……这个孩子的父母太狠心了，无论如何应该送他上学，将来成为对社会有用的人。

多尔先生正思忖着，小乞丐走到他眼前，摊着小脏手说："先生，可怜可怜吧，我3天没有吃东西了，给1美元也行。"不管这个乞丐是为生活所迫，还是欺骗，多尔先生心中一阵难过，他掏出一枚1美元的硬币，递到他手里。

"谢谢您，祝您好运！"小男孩金黄色的头发连成了一个板块，全身上下只有牙齿和眼球是白的，估计他自己都忘记上次洗澡的时间了。树上鸣蝉在聒噪，空气又闷又热，像庞大的蒸笼。多尔先生不愿意过早去候车室，就信步走进一家鲜花店。他有几次在这里买过礼物送给朋友。

"您要点什么？"卖花小姐礼貌又有分寸，且训练有素。

这时，从外面又走进一个人，多尔先生瞥见那人正是刚才的小乞丐。小乞丐很认真地逐个端详柜台里的鲜花。

"你要看点什么？"小姐这么问，因为她从来没有想小乞丐会买花。

"一束万寿菊。"小乞丐竟然开口了。

"要我们送给什么人吗？"

"不用，你可以写上'献给我最亲爱的人'，下面再写上'祝妈妈生日快乐'！"

"一共是20美元。"小姐一边写，一边说。

小乞丐从破衣服口袋里哗啦啦地摸出一大把硬币，倒在柜台上，每一枚硬币都磨得亮晶晶的，那里面可能就有多尔先生刚才给他的。他数出20美元，然后虔诚地接过下面有纸牌的花，转身离去。

这个小男孩还蛮有情趣，这是多尔先生没有想到的。

火车终于驶出站台，多尔先生望着窗外，外面下雨了，路上没有行人，只剩下各式车辆。突然，他又发现了风雨中的那个小男孩。只见他手捧鲜花，一步一步地缓缓地艰难前行，瘦小的身体更显单薄。多尔看到他的前方是一片公墓，他手中的万寿菊迎着风雨怒放着。

火车撞击铁轨越来越快,多尔先生也感到胸膛中一次又一次的强烈冲击。他的眼前模糊了。

·女孩应该懂得的道理·

一个小乞丐,费劲艰难地乞讨,他没有用乞讨得来的钱给自己买好吃的、好玩的,而是给已在天国的母亲买了一束万寿菊,并冒着风雨送去,祝自己的妈妈生日快乐。任何人读了这个故事,都不禁会潸然泪下,为小乞丐的一分孝心,为小乞丐美好而纯真的心灵。

### 知识点链接

#### 万寿菊名称由来

寓有吉祥之意的万寿菊,早就被人们视为敬老之花。至于"万寿菊"之芳名的由来,有这样一个故事:

传说16世纪中叶,此花从国外传到中国南方,人们不知其芳名,只见它每年从秋到冬开花,呈瓣形,似菊,且花色美丽,因其花叶又有一股臭味,故称其为"瓣臭菊"。一年秋天,有位县太爷做大寿,管家为增添气氛,在大门口摆上两列盆花,顿时黄绿交辉,耀眼异常。县太爷见之大喜,问道:"这叫什么花?"管家笑答:"瓣臭菊。"谁料县太爷误听了,眉飞色舞地称赞道:"啊!万寿菊,好呀!好呀!"从此,万寿菊之芳名便不胫而走,广为流传。

# 用爱去回报父母的养育之恩

我国著名表演艺术家新凤霞出生在一个贫苦农民家中，那时候她家里面有7个孩子，一家9口就靠着父亲的微薄收入生活。新凤霞是家里的老大，她很懂事，从来不会埋怨自己生长在这样一个家庭。为了减轻父母的负担，她很小的时候就开始帮父母做家务，业余时间就学唱戏。

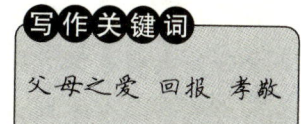

都说穷人的孩子早当家，这话一点不假。小凤霞很小就明白"不当家不知柴米贵，不养儿不知父母恩"的道理。她小小年纪就能出去做很多事情，一点也不害怕，是家庭的贫穷磨炼了她坚强的意志。

有一年冬天，弟弟病了，为了给弟弟治病，母亲决定把父亲的一件皮袄当掉。父亲是一个知识分子，很要面子，害怕让人家看见自己当东西做医药费丢人，说什么也不肯去。小凤霞就自告奋勇地担当了这个任务："那就让我去吧。"她的母亲很担心："凤霞，你还小，能行吗？人家会骗你的。"小凤霞笑着说："妈妈，放心吧，您的闺女哪有那么傻呀？再说了，我已经长大了，应该为家里做一些力所能及的事情了，我保证当个好价钱。"说完，她接过母亲手中的皮袄，一溜烟地跑了出去。结果当了两块多钱，妈妈逢人就夸她能干。

后来，妈妈卧病在床，她每天都在妈妈的身边，为她洗衣服、

倒尿盆，从来没有嫌脏过，也没说过一声累。她在心里默默地想：妈妈已经很辛苦了，我还没长大不能赚钱为妈妈看病，就只能做一些力所能及的事情，希望妈妈的病能早点好。

后来小凤霞成名了，她把妈妈接到身边，亲自照顾她。她说自己的家里那么多孩子，妈妈一辈子都没享受到什么福，如今她老了，自己要尽全部精力去照顾她，让她在有生之年享受到人生的乐趣。

### ·女孩应该懂得的道理·

孝，是中华民族的传统美德之一，一个孝顺父母的女孩，不仅会受到他人的尊重，更会收获一种心灵上的安逸恬适。感恩的女孩，必然首先是一个孝顺的女孩，因为唯有爱父母才是爱社会、爱他人的基础。

 **知识点链接**

#### 新凤霞

新凤霞，评剧新派创始人，6岁学京剧，12岁学评剧，14岁任主演，其创作演出的评剧《刘巧儿》在全国掀起了学唱刘巧儿的热潮，也使自己的名字走进了千家万户。除了《刘巧儿》，新凤霞擅演的剧目还有《花为媒》、《杨三姐告状》《金沙江畔》《祥林嫂》《志愿者的未婚妻》等。

令人痛心的是，新凤霞在十年动乱时因惨遭迫害而留下残疾以至无法再登上心仪的舞台。然而，新凤霞并没有被命运屈服，在无法登台的情况下，她改行学写作和画画。她创作出版了《新凤霞回忆录》《以苦为乐》《新凤霞说戏》《我与吴祖光》《少年时》等约400万字的著作。她被齐白石收为徒弟和义女，深得老人真传，笔下的寿桃、牡丹、菊花、梅花、白菜、南瓜等古拙厚朴，内涵雅趣。

# 感恩一只手

感恩节快到了,一位教师要求她所教的一班小学生画下最让他们感激的东西。她心想能使这些穷人家的小孩心生感激的事物一定不多,她猜他们多半是画一些桌上的烤火鸡或其他食物。她

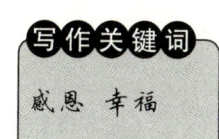

在教室里踱步的时候,却无意中看到一位女学生杜格拉斯的图画,那是以幼稚的笔法画成的一只手。看到这幅画时,她感到很惊讶:为什么她不画食物或者令她感兴趣的东西,而画一只手?

"谁的手?"全班学生都被这抽象的内容吸引住了。

接着全班的同学都围了过来,争先恐后地看杜格拉斯的画。

"我猜是上帝赐给我们食物的手。"其中一个孩子说。

另一个孩子说:"一位农夫的手。"

老师没有说话,没一会儿全班都安静了下来。大家都继续做自己的事时,老师才过去问杜格拉斯:"那到底是谁的手?"

"老师,那是您的手。"孩子低声说。

"那你为什么要画我的手呢?"老师问道。

"因为下课后的休息时间,您用您的手牵着孤寂无伴的我散步,而且您也经常如此对待其他同学,经常把我们当做是自己的孩子,所以您的手对我来说有着特别的意义。"杜格拉斯回答道。

· 女孩应该懂得的道理 ·

或许每个人心中感恩的内容不一样，但只要有一颗感恩的心，有值得感恩的人和事，就是幸福的。让我们永远在心里珍藏那些让我们感动的人和事，并以一颗感恩的心去对待生活所给予我们的一切。

 知识点链接

### 感恩节

每年11月的第四个星期四，便是"美式中秋"感恩节。在这天，美国、加拿大的人们都会和家人团聚在一起，品尝以火鸡为主的感恩节美食，相当温馨。

感恩节的由来和早期美国历史最为密切相关。

17世纪初，英国的清教徒遭到国内宗教的迫害。1620年9月，102名清教徒登上"五月花"号帆船，于12月26日到达了美国的普利茅斯港，准备开始新的生活。然而，这些移民根本不适应当地的环境，第一年冬天过后，只有50人幸存。第二年春天，当地的印第安人送给他们很多必需品，并教会他们如何在这块土地上耕作。这一年秋天，移民们获得了大丰收，11月底，移民们请来印第安人共享玉米、南瓜、火鸡等制作而成的佳肴，感谢他们的帮助，感谢上帝赐予了一个大丰收，大家一起举行了3天的狂欢活动。从此，这一习俗就沿袭下来，并逐渐风行各地。1863年，美国总统林肯宣布每年11月的第四个星期四为感恩节。感恩节庆祝活动便定在这一天，直到如今。

# 莫忘致谢

伊琳娜、莎拉和德鲁还小的时候,每当他们要向人家致谢,就口述感谢词句,由他们的母亲贝德福德用笔写。但是到孩子长大一些,有能力自己写谢柬了,却必须三催四请才肯动笔。

写作关键词

帮助　感谢　快乐

贝德福德会问:"你写了信给爷爷,谢谢他送你那本书没有?"或问:"陶乐思阿姨送了你那件毛线衫,你可向她道谢了?"他们的回应总是含糊其辞,或耸耸肩膀。

有一年,贝德福德在圣诞节过后催促了几天,儿女们竟一直毫无反应。她大为气恼,便宣布:"谢柬写妥投寄之前,谁也不准玩新玩具或穿新衣。"

但他们依旧拖延,还出言抱怨。

贝德福德忽然灵机一动,说:"大家上车。"

"要去哪里?"莎拉问,觉得好奇怪。

"去买圣诞礼物。"

"圣诞节已经过去了。"她反驳。

"不要啰嗦!"贝德福德斩钉截铁地说。

等孩子们都上了车,她说:"我要让你们知道,人家为了送你们礼物,要花多少时间。"

贝德福德对德鲁说:"麻烦你记下我们离家的时间。"

来到镇里,德鲁记下抵达的时刻。3个孩子和贝德福德走进一

家商店，开始选购礼物。然后贝德福德带他们回家。

3个孩子一下车便向雪橇走去。贝德福德说："不许玩，还要包礼物。"

孩子们垂头丧气地回到屋里。

"德鲁，记下到家的时间没有？"

他点点头。

"好，请你记录包礼物的时间。"

孩子包礼物时，贝德福德替他们冲泡饮料。终于最后一个蝶形结也系好了。

"一共花了多长时间？"贝德福德问德鲁。

他说："到镇上去，用了28分钟，买礼物花了15分钟，回家用了38分钟。"

"包这几个盒子用了多长时间？"伊琳娜问。

"你们两人都是两分钟包一个。"德鲁说。

"把礼物拿去邮寄，要花多少时间？"贝德福德问。

德鲁计算了一下，答道："一来一去56分钟，加上邮局排队的时间，要71分钟。"

"那么，送别人一件礼物总共要花多长时间？"

德鲁又算了一阵："2小时34分钟。"

贝德福德在每个孩子的饮料杯旁放了一页信纸、一个信封和一支笔。

"现在请写谢柬。写明礼物是什么，说已经拿来用了，用得很开心。"

他们沉默构思，接着响起笔尖在纸上滑动的声音。

"花了我们3分钟。"德鲁一面说一面把信封封好。

"人家选购一件情意浓厚的礼物，然后寄给你，所花时间也许超过两个半小时，我要你们花3分钟道谢，这难道是过分的要求吗？"贝德福德问。

3个人望着桌面，摇摇头。

"你们最好现在就养成这习惯。早晚你们要为很多事写请柬的。"

### ·女孩应该懂得的道理·

在别人给你礼物时，你是否说"谢谢"了呢？在别人给予你帮助的时候，你是否给予感谢了呢？时刻记得他人的给予并懂得感恩，他人才会更加爱你，给予你更多，你也才会生活得更快乐。

知识点链接

#### 送礼的注意事项

我国普遍有"好事成双"的说法，因而凡是大贺大喜之事，所送之礼，均好双忌单。但广东人则忌讳"4"这个偶数，因为在广东话中，"4"听起来就像是"死"，是不吉利的。再有，白色虽有纯洁无瑕之意，但中国人比较忌讳，因为在中国，白色常是大悲之色和贫穷之色。同样，黑色也被视为不吉利，是凶灾之色、哀丧之色。而红色，则是喜庆、祥和、欢庆的象征，受到人们的普遍喜爱。

另外，我国人民还常常讲究给老人不能送钟表，给夫妻或情人不能送梨，因为"送钟"与"送终"，"梨"与"离"谐音，是不吉利的。还有，不能为健康人送药品、不能为异性朋友送贴身的用品等。

做个有完美性格的女孩

## 06 不应忘记别人的小恩小惠，更不应该忽视父母的恩情

一个小女孩经常跟妈妈吵架，有时候都不知道为什么事情而吵。

**写作关键词**
父母恩情　不求回报　无私

有一天，小女孩又和妈妈吵起来了，一气之下，小女孩就跑了出去。

小女孩走着走着，也不知道走了多久，她发现前面有个面摊，这时才发现自己还没有吃饭，肚子有点饿了。

可是，她摸遍了身上的口袋，连一个硬币也没有。

这个面摊的主人是一个看上去很和蔼的老婆婆。

老婆婆看到小女孩站在哪里，就问："孩子，吃碗馄饨吧？"

小女孩羞涩地说："我忘了带钱了。"

老婆婆面带微笑地说："没关系，我请你吃。"说着端来一碗馄饨还送了一碟小菜。

小女孩满怀感激，刚吃了几口，眼泪就掉了下来，每个泪珠都落在碗里。

老婆婆关切地问："怎么了？"

她忙擦眼泪，对面摊主人说："我没事，我只是很感激，我们并不认识，而你却对我那么好，愿意煮馄饨给我吃。可是我妈妈，我跟她吵了几句嘴，她竟然把我赶出来，还告诉我不要再回去了。"

老婆婆听了以后，拍了拍小女孩的头平静地说："孩子，你怎么会这么想呢？你想想看，我只不过煮了碗馄饨给你吃，你就那么感激我，而你妈妈煮了十几年的饭给你吃，你怎么会不感谢她呢？你怎么还要跟她吵架呢？"

小女孩愣住了，这时，女孩的眼泪又开始掉下来，想起老师曾经讲过：有一种人，对别人给予的小恩小惠感激不尽，却对亲人一辈子付出的恩情视而不见。

小女孩把老婆婆盛的馄饨吃完后头也不回地往家走去。

小女孩走到家附近时，一眼就看见疲惫不堪的母亲正在路口四处张望……

小女孩的母亲看到女儿回来，脸上马上露出了喜色，疼爱地说："赶快过来吧，饭早就给你做好了，你再不回来吃，菜就要凉了，我还要再给你热呢！"

### ·女孩应该懂得的道理·

在生活中，有这样一个现象：很多人往往会牢记别人对我们的好，却对父母的恩情视为理所当然并忽略不计，认为享受父母之爱是理所应当的。想想看：你是否也是这样做的呢？如果是，不妨从现在开始转变一下自己的思路。

### 知识点链接

**称赞母亲的名言和谚语**

世界上的一切光荣和骄傲，都来自母亲。　　——高尔基

慈母的胳膊是由爱构成的，孩子睡在里面怎能不香甜？

——雨果

我的生命是从睁开眼睛，爱上我母亲的面孔开始的。

——乔治·艾略特

做个有完美性格的女孩

> 人的嘴唇所能发出的最甜美的字眼，就是母亲，最美好的呼唤，就是"妈妈"。　　　　　　　　　　——纪伯伦
> 
> 上帝不能无处不在，因此他创造了母亲。　——犹太谚语
> 
> 妈妈你在哪儿，哪儿就是最快乐的地方。——英国谚语
> 
> 在孩子的嘴上和心中，母亲就是上帝。　——英国谚语
> 
> 女人固然是脆弱的，母亲却是坚强的。　——法国谚语

 07

# 为母亲洗一次脚

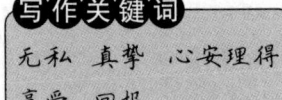

写作关键词
无私 真挚 心安理得
享受 回报

日本一个名牌大学毕业生应聘于一家大公司。社长审视着他的脸，出乎意料地问："你替父母洗过澡擦过身吗？""从来没有过。"青年很老实地答道。"那么，你替父母敲过背吗？"青年想了想，说："有过，那是我在读小学的时候，那时母亲还给了我10块钱。"在诸如此类的交谈中，社长只是安慰他别灰心，会有希望的。青年临走时，社长突然对他说："明天这个时候，请你再来一次。不过有一个条件，刚才你说从来没有替父母擦过身，明天来这里之前，希望你一定要为父母擦一次，能做到吗？"这是社长的吩咐，因此青年一口答应。

青年虽大学毕业，但家境贫寒。他刚出生不久父亲便去世，从此，母亲做佣人拼命挣钱。孩子渐渐长大，读书成绩优异，考进东京名牌大学。学费虽令人生畏，但母亲毫无怨言，继续帮佣供他上学。直到今日，母亲还去帮佣。

青年回到家，母亲还没有回来。母亲出门在外，脚一定很脏，他决定替母亲洗脚。母亲回来后，见儿子要替她洗脚，感到很奇怪。于是，青年将自己必须替母亲洗脚的原委说了一遍。母亲很理解，便按儿子的吩咐坐下，等儿子端来水，把脚伸进水盆里。青年右手拿着毛巾，左手去握母亲的脚，他这才感到母亲的双脚已经像木棒一样僵硬，他不由得抱着母亲的脚潸然泪下。读书时他心安理得地花母亲如期送来的学费和零花钱，现在他才知道，那些钱是母亲的血汗钱。

第二天，青年如约去那家公司，对社长说："现在我才知道母亲为了我受了很多的苦，您使我明白了在学校里没有学过的道理，如果不是您，我还从来没有握过母亲的脚。我只有母亲一个亲人，我要照顾好母亲，再不能让她受苦了。"社长点了点头，说："明天你到公司上班吧。"

········女孩应该懂得的道理·········

小时候，母亲每天满含爱意地为我们洗小脸，洗小手，洗小脚……渐渐地，我们长大了，可是否曾经为自己的母亲洗一次脚呢？这不仅仅是一次洗脚，更是一次意味深长的爱的回馈。

知识点链接

**日本**

日本被称为"日出之国"，位于亚洲大陆东边的太平洋上。虽然国土面积很小，但日本的经济实力却不容小觑。

日本的经济主要依赖于制造、银行、旅游、渔业等。日本的电子产品闻名全球，索尼、松下、东芝、佳能、夏普等都是全球排名前列的名牌；日本是全球最大的汽车生产国，其中丰田、日产、本田和马自达等制造商，均有出产汽车行销全球；日本拥有世界资产最庞大的邮储银行，三菱 UFJ 金融集团、瑞穗金融集团和三井住友金融集团在世界金融界占有举足轻重的地位；日本位于太平洋火山地震带上，全国火山众多，而在火山分布区，景色优美，温泉资源丰富，常年吸引着大量游客来此观光；日本北海道有世界最著名的渔场之一——北海道渔场，而该渔场为日本带来了不少的经济收益。

此外，日本的动漫产业极为发达，是世界第一动漫王国。

# 不忘恩师

1903 年，居里夫人发现了一种新的物质——镭。这一发现，震惊了全世界。居里夫人成为了世界上第一个获得诺贝尔奖金的女科学家。从此，她享有盛誉，博得了人们的敬仰，可她对过去的老师仍十分尊敬。

写作关键词

老师　尊敬　恩师之情

居里夫人的法语老师最大的愿望是重游她的出生地——法国北部的第厄普。可是，她付不起由波兰到法国的一大笔旅费，回乡的希望总是那么渺茫。居里夫人当时正好住在法国，她非常理解老师的心情，不但代付了老师的全部旅费，还邀请老师到家里做客。居里夫人的热情接待，使老师感到像回到自己家里一样。

　　1932年5月，华沙镭研究所建成，居里夫人回到祖国参加落成典礼。许多著名人物都簇拥在她的周围。典礼将要开始的时候，居里夫人忽然从主席台上跑下来，穿过捧着鲜花的人群，来到一位坐在轮椅上的老年妇女面前，深情地亲吻了她的双颊，亲自推着她走上了主席台。这位老年妇女就是居里夫人小时候的老师。在场的人都为这动人的情景所感动，热情地鼓掌，老人也流下了热泪。

　　居里夫人就是这样，在成为一个伟大的科学家之后，仍旧没有忘记曾经传授给她知识的老师。

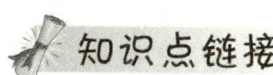
·女孩应该懂得的道理·

　　从小学，再到中学、大学，是谁在默默付出，增长着我们的知识，培养着我们的才干？是老师。尊重老师，感恩老师，是女孩做人之根本，居里夫人已经为我们作出了最好的榜样。

### 知识点链接

#### 华沙名称的由来

　　华沙是波兰的首都，世界历史名城，始建于13世纪。华沙在波兰语中，念为"华尔莎娃"。传说一对叫华尔西和沙娃的男女恋人，勇敢地抗争国王的阻挠，最后终于结成夫妻。人们对这对青年恋人的勇敢精神十分敬佩，便以他们的名字命名这座城市，后来简称为"华沙"。

做个有完美性格的女孩

## 09 献给警察的诗

**写作关键词**：感恩 给予 表达爱

1986年，芝加哥市警察杰伊·布隆基拉在逮捕毒贩时中枪殉职。事后不久，他的同行、服务警界已20年的肯恩·纳普席克下班回家时，发现15岁的女儿在餐桌上留了一个条子。

爸爸：

　　这首诗是我的肺腑之言。我很爱你，因此，每天你为了供养我们而出去冒各种危险时，我都既害怕又惊异。我写这首诗，是要表达我对你的深爱，并且让你知道，如果没有你，我会多么失落。

——劳拉

　　劳拉那首诗为"最好的警察"，是献给"世界上所有值得女儿全心相爱的警察，特别是我爸爸"的，内容讲的是一个警察的女儿看电视夜间新闻，看到她父亲遭受枪击。诗里面有几句说："爸爸，我的爸爸，你听得到我哭吗？啊，老天爷，我需要爸爸，请别让他死！"

　　纳普席克独自站在那里读诗。"我花了几分钟才读完，"他说，"我总是读几句就必须停住，过一会儿才能继续读下去。我一面读，一面哭泣。她以前从没有告诉我她害怕。"

　　第二天，他把诗带回警察局给同事看。"我一辈子都没有见过那么多大汉流泪，有些人甚至无法把诗读完。"

　　纳普席克一直把女儿的诗放在制服的口袋里，每天离家去上班时,都把它带在身上。

"我不想值勤时身上没带着它,"他说,"我大概永远都会带着它。"

#### ·女孩应该懂得的道理·

虽然我们的父亲不一定像故事中小女孩的爸爸一样从事警察职业,但他们却有着共同的身份——父亲,而因为这个,他们对我们的爱是一样的,那么醇厚,那么无私。感恩父亲,是每个女孩都必须做好的一件事。

 知识点链接

### 芝加哥

芝加哥是美国仅次于纽约和洛杉矶的第三大都会区,被誉为"世界最富有地区之一",富裕指数仅次于东京、纽约、洛杉矶,排名世界第四。芝加哥还被誉为"世界最繁忙的地区之一",这是因为芝加哥的航空、铁路和海运非常发达,业务十分繁忙,在全美位居榜首。

芝加哥市区内摩天大楼之多,仅次于纽约,是美国摩天大楼第二多的城市。

让芝加哥市民倍感自豪的是,该市在国际工人运动中有着光荣的历史,是国际五一劳动节和三八妇女节的发源地。芝加哥还诞生了许多世界第一,如1884年的旱冰鞋、1892年的高架铁道、1893年的爆米花、1896年的拉链、1902年的透明窗口信封。另外,芝加哥还有美国最大的餐饮公司(麦当劳)和最大的食品加工公司(卡夫)。

## 女孩感恩手册——向予以你帮助的人说声谢谢

1. 向你的双亲说一声"谢谢"。

父母的抚育之恩,父母的辛勤照顾,你是否认为这一切都是理所当然的?中国人不擅长直接表达爱意,如果感觉口说不自然,则不妨用一张卡片,写下你对父母的感谢。找一个机会或一个理由,相信只要有心,机会处处有,理由时时在。

2. 写一封信给你以前的老师表示感谢。

不管隔了多久,这样的一封信,一定会使他得到很大的安慰,让他知道自己不是教书匠,而是在培育英才,一生青春的投资是绝对值得的。

3. 向带领你、帮助你的朋友表示感谢。

这会再次点燃他心中助人的热忱,让他明白过去的付出没有白费。

4. 向曾帮助你的人表示感谢。

如果你曾从某人身上得到一些帮助,而当事人已不可寻,就把这份感谢转为对他人的祝福,让人世间有更多幸福的种子传下去……